高职高专"十三五"规划教材

现代工程制图习题集

（第3版）

主　编　山　颖　闫玉蕾
副主编　孙福才
主　审　谭　娜

北京航空航天大学出版社

内 容 简 介

本书是山颖、闫玉蕾主编的《现代工程制图(第3版)》(书号:978-7-5124-2255-1)一书的配套习题集。

本习题集适当减少了传统制图内容,增加了计算机绘图的分量,包括制图基本知识及计算机绘图简介、投影基础与三视图、尺寸标注、机件的常用表达方法、三维图形绘制、标准件和常用件、零件图、装配图、展开图、金属焊接图、电气工程图和计算机绘图综合训练。

本习题集可作为高等职业院校、中等职业院校及成人教育院校有关专业的工程制图课程教材,也可供各专业师生和工程技术人员参考使用。

图书在版编目(CIP)数据

现代工程制图习题集 / 山颖,闫玉蕾主编. —3 版. —北京:北京航空航天大学出版社,2016.9
　　ISBN 978-7-5124-2254-4

Ⅰ. ①现… Ⅱ. ①山… ②闫… Ⅲ. ①工程制图—高等职业教育—习题集 Ⅳ. ①TB23-44

中国版本图书馆 CIP 数据核字(2016)第 220896 号

现代工程制图习题集(第3版)
主　编　山　颖　闫玉蕾
副主编　孙福才
主　审　谭　娜
责任编辑　董　瑞

*

北京航空航天大学出版社出版发行

北京市海淀区学院路 37 号(邮编 100191)　　http://www.buaapress.com.cn
发行部电话:(010)82317024　　传真:(010)82328026
读者信箱:goodtextbook@126.com　　邮购电话:(010)82316936
北京时代华都印刷有限公司印装　各地书店经销

*

开本:787×1 092　1/16　印张:18.5　字数:238 千字
2016 年 9 月第 3 版　2016 年 9 月第 1 次印刷　印数:3 000 册
ISBN 978-7-5124-2254-4　　定价:36.00 元

若本书有倒页、脱页、缺页等印装质量问题,请与本社发行部联系调换。联系电话:(010)82317024

编写人员

主　编　山　颖（黑龙江农业工程职业学院）
　　　　　闫玉蕾（黑龙江农业工程职业学院）
副主编　孙福才（哈尔滨职业技术学院）

参　编　（以姓氏笔划为序）
　　　　　王志文（黑龙江林业职业技术学院）
　　　　　艾明慧（黑龙江农业工程职业学院）

主　审　谭　娜（哈尔滨轻工业学校）

前 言

本习题集是根据《教育部关于加强高职高专教育人才培养工作的意见》《关于加强高职高专教育教材建设的若干意见》和贯彻落实《国务院关于大力发展职业教育的决定》的精神,结合高职高专机电类人才培养现状,总结多年来的教学经验编写而成的,与山颖、闫玉蕾主编的《现代工程制图(第3版)》(书号:978-7-5124-2255-1)配套使用。本习题集注重识图训练,如增加改错、选择、补漏线、两视图补画第三视图、一题多解、三维造型、第三角视图画法、构思构件等方面的训练,注重识图能力的培养,为培养学生手工绘图及计算机绘图的综合能力提供了保证。对偏而深的画法几何等内容,结合教学实际进行了适当删减,降低了难度。同时,介绍了最新的国家标准,并将AutoCAD 2016绘图软件与工程制图相融合,以培养学生分析问题、解决问题及形象思维的能力。此外,本习题集还加入电气工程图的绘制,使其也适合涉电专业使用,以适应生产第一线对高技能型人才的要求。

本习题集由山颖、闫玉蕾、孙福才、王志文、艾明慧编写,由哈尔滨轻工业学校谭娜任主审。编写分工如下(以目录章节为序):黑龙江农业工程职业学院山颖编写了第1章,黑龙江农业工程职业学院闫玉蕾编写了第2章、第3章、第9章、第10章、第12章,哈尔滨职业技术学院孙福才编写了第4章、第5章、第6章、第8章,黑龙江农业工程职业学院艾明慧编写第7章,黑龙江林业职业技术学院王志文编写了第11章,全书由山颖统稿。

本习题集可作为高职高专院校、中等职业院校及成人教育院校机电类、机械类和近机类各专业机械制图与计算机绘图课程训练习题。

自于编者水平有限,加上编写时间仓促,书中的错误和不足,恳请读者批评指正。

编 者
2016年5月

目　　录

第 1 章　制图基本知识及计算机绘图简介

　　1.1　字　体 …………………………………………………………………………………… 1
　　1.2　图线与斜度、锥度 ………………………………………………………………………… 2
　　1.3　几何作图 …………………………………………………………………………………… 4
　　1.4　计算机绘图 ………………………………………………………………………………… 5
　　1.5　综合训练 …………………………………………………………………………………… 10
　　1.6　徒手绘图 …………………………………………………………………………………… 14

第 2 章　投影基础与三视图

　　2.1　投影与三视图 ……………………………………………………………………………… 15
　　2.2　点的投影 …………………………………………………………………………………… 16
　　2.3　基本体 ……………………………………………………………………………………… 17
　　2.4　截交线与相贯线 …………………………………………………………………………… 19
　　2.5　组合体的画法 ……………………………………………………………………………… 22
　　2.6　看组合体视图的方法 ……………………………………………………………………… 30
　　2.7　综合练习 …………………………………………………………………………………… 36

第 3 章　尺寸标注

　　3.1　判断正误 …………………………………………………………………………………… 37

3.2　标注尺寸 ·· 38

　　3.3　综合练习 ·· 40

第 4 章　机件的常用表达方法

　　4.1　视　图 ·· 41

　　4.2　剖视图 ·· 47

　　4.3　断面图 ·· 63

　　4.4　规定画法 ·· 66

　　4.5　第三角画法 ·· 67

　　4.6　综合练习 ·· 69

第 5 章　三维图形绘制

　　5.1　绘制轴测投影图 ··· 70

　　5.2　三维实体造型 ·· 78

　　5.3　综合练习 ·· 81

第 6 章　标准件和常用件

　　6.1　螺　纹 ·· 82

　　6.2　螺纹紧固件 ·· 85

　　6.3　齿轮的规定画法 ··· 87

　　6.4　键、销、滚动轴承及弹簧 ··· 89

　　6.5　综合练习 ·· 92

第 7 章　零件图

　　7.1　确定零件图表达方案 ·· 93

　　7.2　零件图尺寸标注 ··· 96

　　7.3　注写技术要求 ·· 98

7.4 读零件图 ·· 104

7.5 零件的测绘 ·· 110

第 8 章 装配图

8.1 装配工艺 ·· 111

8.2 画装配图 ·· 113

8.3 读装配图 ·· 119

第 9 章 展开图

9.1 求实长和实形 ·· 127

9.2 画展开图 ·· 128

9.3 综合练习 ·· 130

第 10 章 金属焊接图

10.1 标注焊缝符号 ··· 132

10.2 读焊接图 ··· 133

第 11 章 电气工程图

11.1 按 1∶1 比例绘制低压配电系统图 ·· 134

11.2 按 1∶1 比例绘制电动机控制接线图 ··· 135

11.3 按 1∶1 比例绘制双回路电源高压配电所系统图 ····························· 136

11.4 按 1∶1 比例绘制电动机星-三角启动原理图 ··································· 137

第 12 章 计算机绘图综合训练

12.1 平面图形绘制 ··· 138

12.2 立体与平面图形转换 ·· 139

12.3 综合练习 ··· 140

参考文献

第1章　制图基本知识及计算机绘图简介

1.1　字　体

| 1.1.1　字体练习 | 班级　　姓名　　学号 |

1234567890　ABCDEFGHIJKLM　abcdefghijklm

1234567890　NOPQRSTUVWXYZ　nopqrstuvwxyz

尺寸左右内外前后主平立向比例系专业班级制描图审核序号名称材料

件数备注斜锥度投影俯仰视局部旋转技术要求螺栓钉母垫圈齿轮键销轴承弹簧零件装配图钢铸铁铜

1.2 图线与斜度、锥度

| 1.2.1 图线、斜度和锥度练习图案 | 班级　　姓名　　学号 |

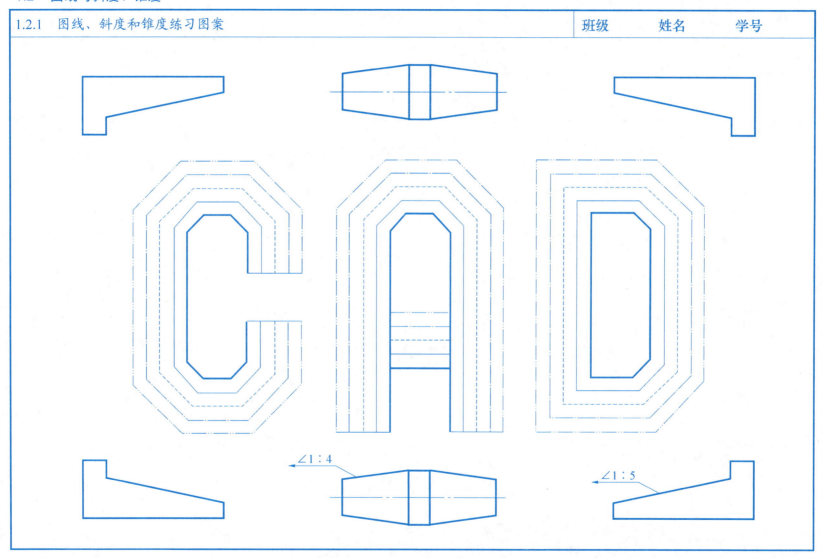

2

1.2.2 根据前页图案完成线型、斜度和锥度绘制　　　班级　　姓名　　学号

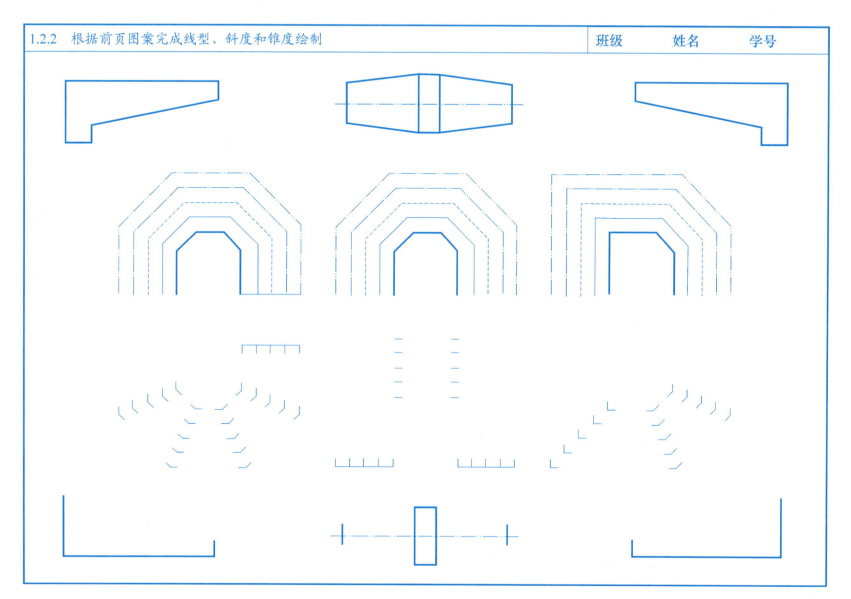

1.3 几何作图

| 1.3.1 椭圆、等分圆周与连接 | 班级　　姓名　　学号 |

1. 已知椭圆长轴为80 mm，短轴为44 mm，试用四心扁圆法画出椭圆。

2. 等分圆周作图（按小图上所标注的尺寸，用比例1∶1完成图形）。

3. 连接作图（按小图上所标注的尺寸，用比例1∶1完成图形）。

4. 连接作图（按小图上所标注的尺寸，用比例1∶1完成图形）。

1.4 计算机绘图

1.4.1 计算机绘图及编辑（1）   班级　　姓名　　学号

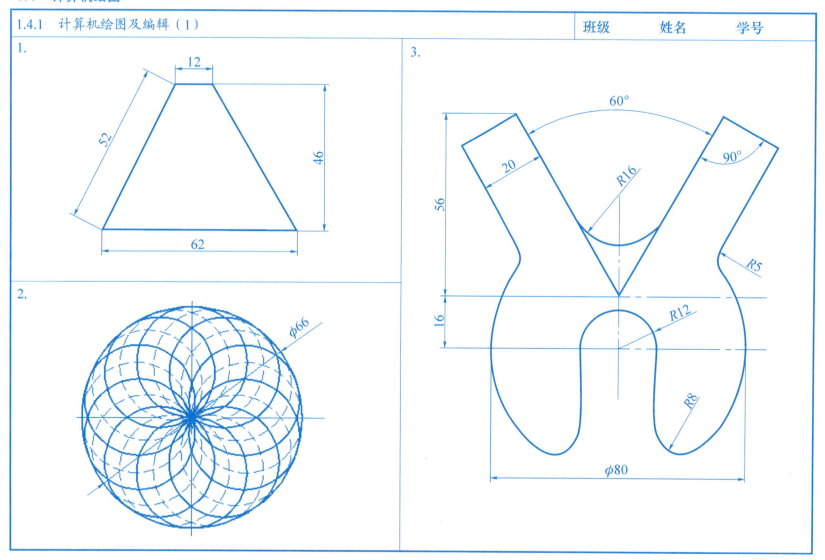

| 1.4.2 计算机绘图及编辑（2） | 班级　　姓名　　学号 |

1.

2.

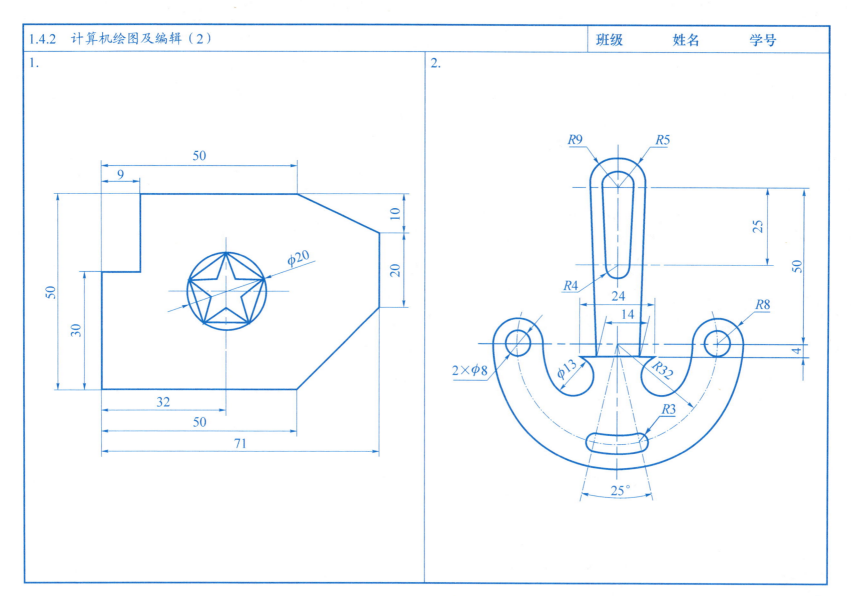

1.4.3 计算机绘图及编辑（3）　　　　班级　　姓名　　学号

1.

2.

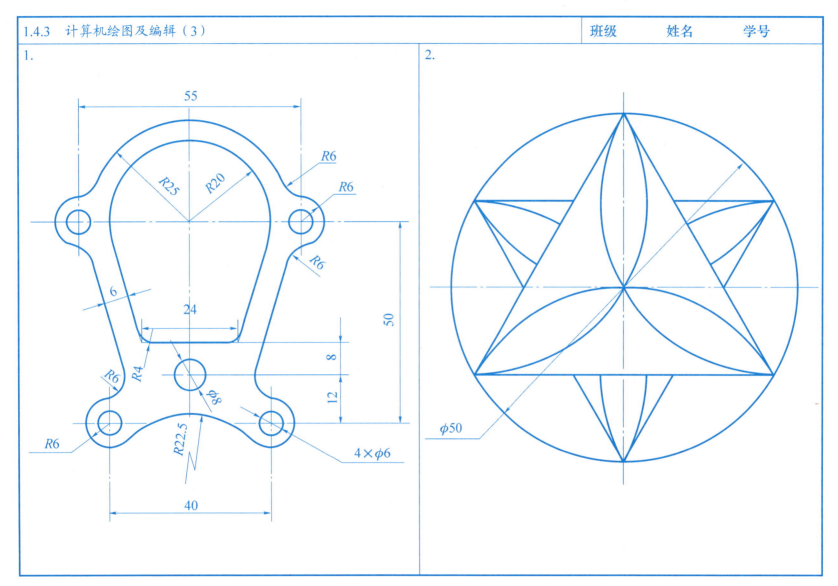

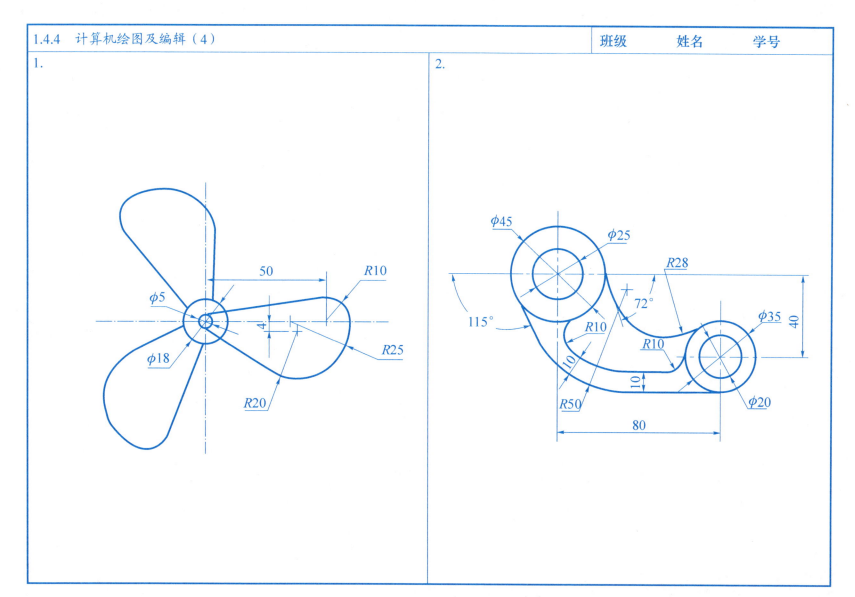

1.4.5 计算机绘图及编辑（5）

1.

2.

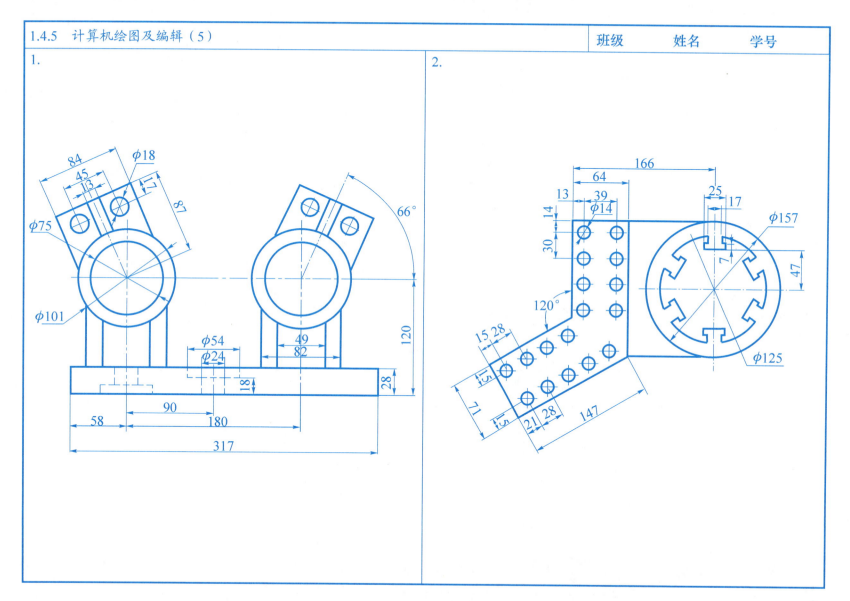

1.5 综合训练

1.5.1 线型作业

1. 目　的

　　初步掌握国家标准的有关线型的规格等内容，学会使用绘图仪器，掌握图框及标题栏的画法，掌握圆弧连接的作图方法。

2. 内　容

　　(1) 绘制图框和标题栏。

　　(2) 按图例要求绘制各种图线及零件轮廓。

　　(3) 根据图样大小选定图号，不标尺寸，比例1：1。

3. 要　求

　　图形正确，布置适当，线型合格，符合国标，加深均匀，图面整洁。

4. 作业指导

　　(1) 轻轻用细线画出图框线，并在右下角靠齐图框线画标题栏。

　　(2) 绘图前仔细分析所画图形以确定正确的作图步骤，特别要注意正确作出零件轮廓线上圆弧连接的各切点及圆心位置，布置图形要合理美观。

　　(3) 按题目给出的尺寸先画底稿，然后按图线标准描深，最后填写标题栏。标题栏中名称填"基本练习"，比例填"1：1"。

5. 图　样

　　见右图。

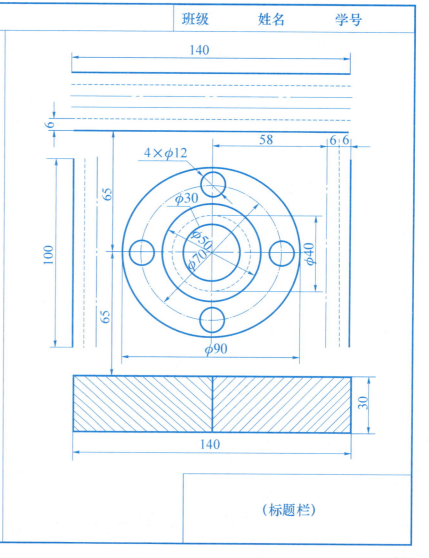

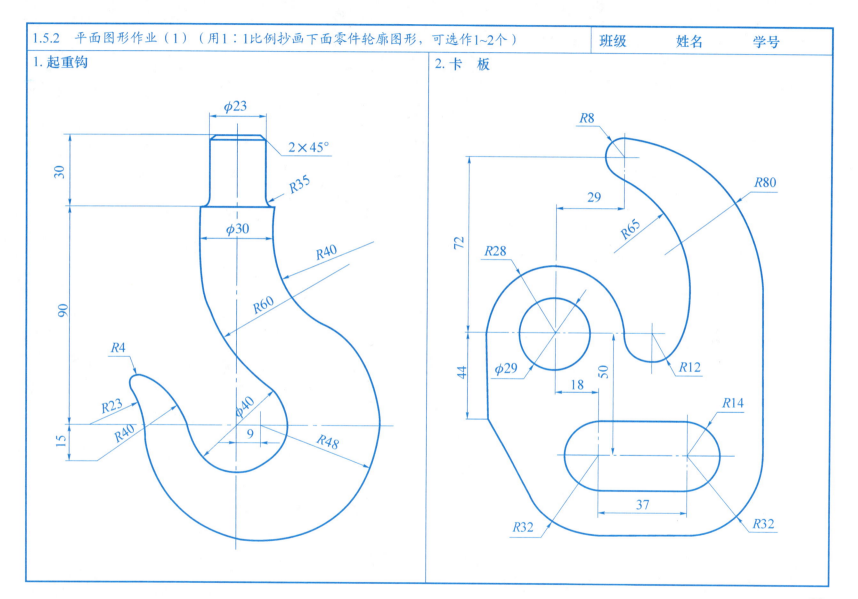

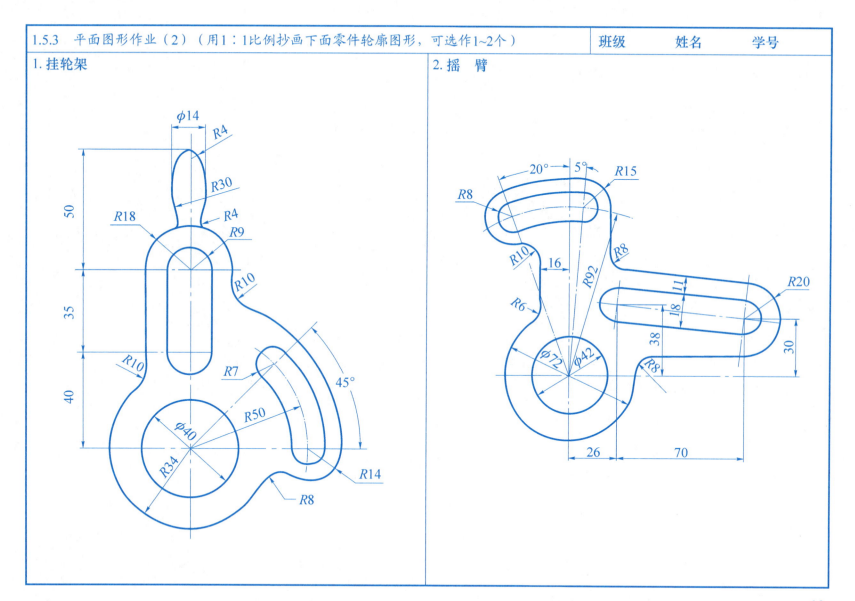

1.5.4 计算机绘制平面图形

班级　　姓名　　学号

1. 目　的

熟悉平面图形的绘制过程，掌握线型规格及训练连接技巧，掌握常用绘图与编辑命令的运用，提高绘图效率。

2. 内　容

(1) 按给定图样绘制图形。

(2) 用A4图纸横放，不标尺寸，比例1∶1。

3. 要　求

图形正确，布置适当，线型合格，符合国标，连接得当。

4. 作业指导

(1) 分析图形。分析图形中尺寸的作用及线段的性质。

(2) 设置绘图环境（图层、线型、线宽、图纸幅面）。

(3) 画出图形的基准线和定位线。

(4) 按已知线段、中间线段、连接线段的顺序，画出图形。

(5) 检查修改图形。

5. 图　样

见右图。

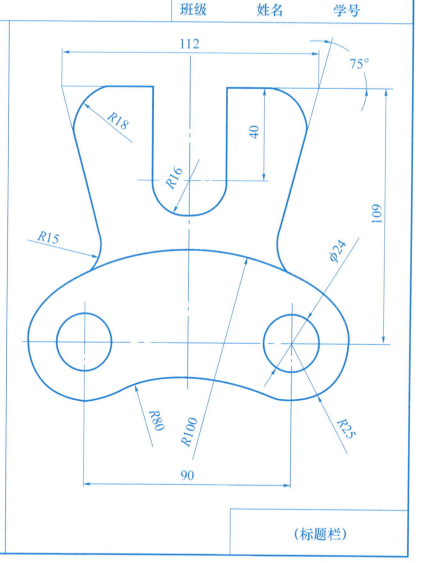

(标题栏)

13

1.6 徒手绘图

| 1.6.1 徒手画出下列图形 | 班级　　姓名　　学号 |

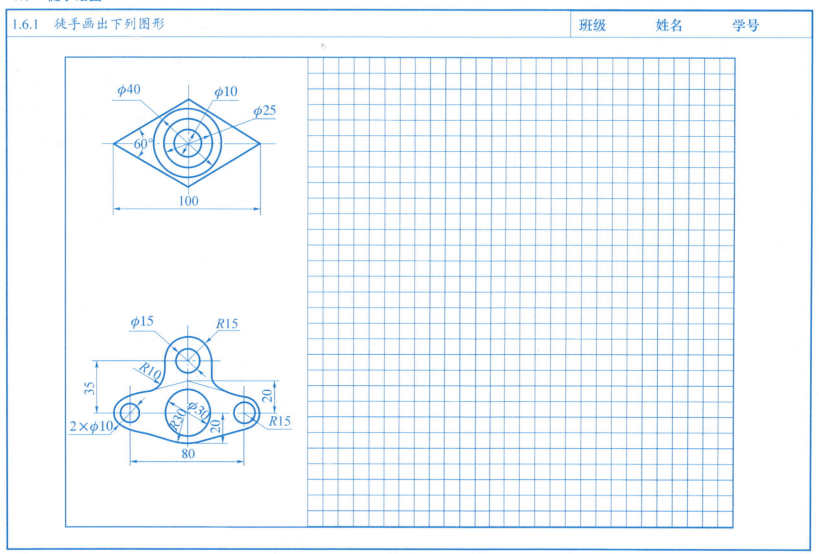

第2章 投影基础与三视图

2.1 投影与三视图

2.1.1 参照三视图及轴测图选择填空			班级　　姓名　　学号
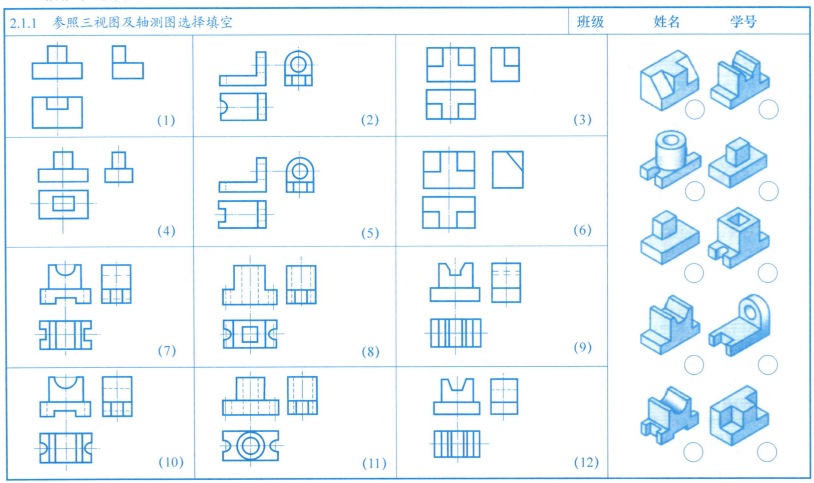			

2.2 点的投影

| 2.2.1 点的投影练习 | 班级　　姓名　　学号 |

1. 根据立体图，作各点的三面投影。

2. 根据立体图，作各点的三面投影，并标明可见性（坐标数值从立体图中按1∶1的比例量取整数）。

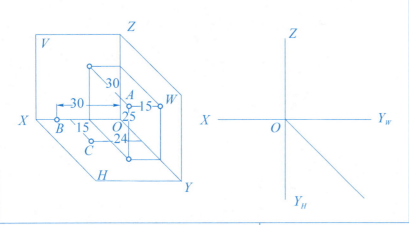

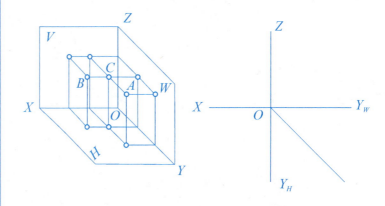

3. 已知：点A（20，10，15）；点B距离投影面W、V、H分别为10、15、25；点C在点A的上5、前10、右5，求各点的三面投影。

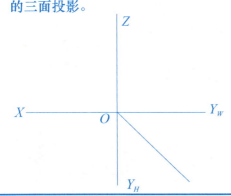

4. 已知点A、B的两面投影，求作它们的第三投影，并写出它们的坐标值（在图中量取整数），比较两点的相对位置。
A（　　），B（　　）；A点在B点的（　　）方。

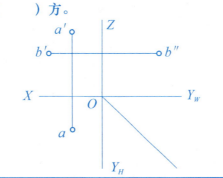

5. 已知B点在A点的正左方15；C点是A点对V面的重影点（c′不可见），且距离A点为10；D点在B点的正下方10。补全A点的侧面投影，作其他各点的三面投影，并标明可见性。

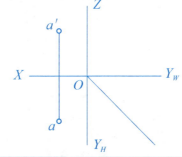

16

2.3 基本体

2.3.1 基本体的投影

班级　　姓名　　学号

1. 补全正六棱柱的三视图及表面点的三面投影。	2. 补全正三棱柱的三视图及表面点的三面投影。	3. 补全正三棱锥的三视图及表面点的三面投影。
 	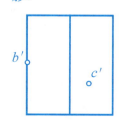 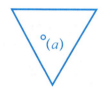	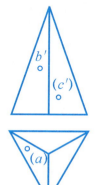
4. 补全正四棱台的三视图及表面点的三面投影。	5. 补全圆柱的三视图及表面点的三面投影。	6. 补全半圆柱的三视图及表面点的三面投影。
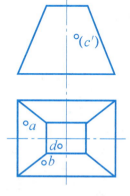	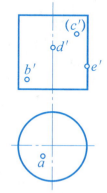	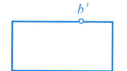 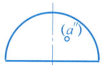

2.3.2 基本体的投影　　　　班级　　姓名　　学号

1. 补全圆锥的三视图及表面点的三面投影。

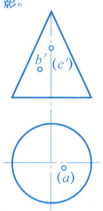

2. 补全圆锥台的三视图及表面点的三面投影。

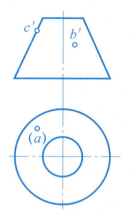

3. 补全1/4圆锥的三视图及表面点的三面投影。

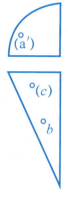

4. 补全圆球的三视图及表面点的三面投影。

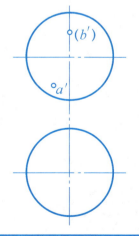

5. 补全半圆球的三视图及表面点的三面投影。

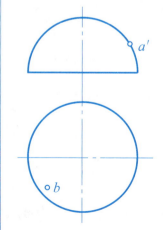

6. 补全圆环的三视图及表面点的三面投影。

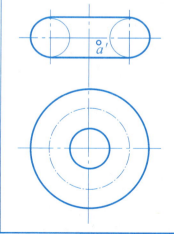

2.4 截交线与相贯线

2.4.1 常见的截交线		班级　　姓名　　学号
1. 分析四棱锥的截交线，补全三视图。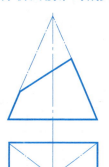	2. 分析正五棱柱的截交线，补全三视图。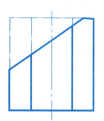	3. 分析正四棱锥的截交线，补全三视图。
4. 分析圆柱的截交线，补全三视图。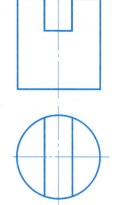	5. 分析圆筒的截交线，补全三视图。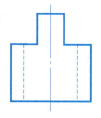	6. 分析圆柱的截交线，补全三视图。

2.4.2 常见的截交线 班级 姓名 学号

1. 分析圆锥的截交线，补全三视图。

2. 分析圆锥的截交线，补全三视图。

3. 分析半圆球的截交线，补全三视图。

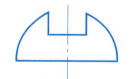
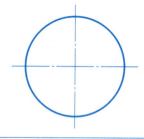

4. 分析截交线，补全切口圆锥的三视图。

5. 分析截交线，补全切口立体的三视图。

6. 分析截交线，补全切口立体的三视图。

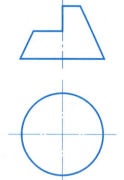
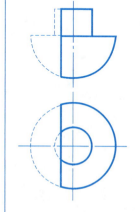
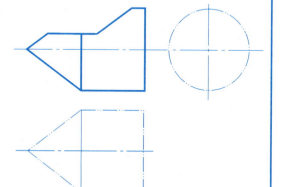

2.4.3 常见的相贯线　　　　　　　　　　　　　　　　　　　　　　　班级　　姓名　　学号

1. 求作相贯线。

2. 求作相贯线。

3. 求作相贯线。

4. 求作相贯线。

5. 补画相贯线的投影，完成三视图。

6. 补画相贯线的投影，完成三视图。

2.5 组合体的画法

2.5.1 组合体的形体分析及画法

班级　　姓名　　学号

1. 改错，将正确的三视图画在下方。

2. 根据主、俯视图，选择正确的左视图，在正确符号后打（√）。

(1) (a) (b) (c) (d)

(2) (a) (b) (c) (d)

3. 根据立体图，画三视图。

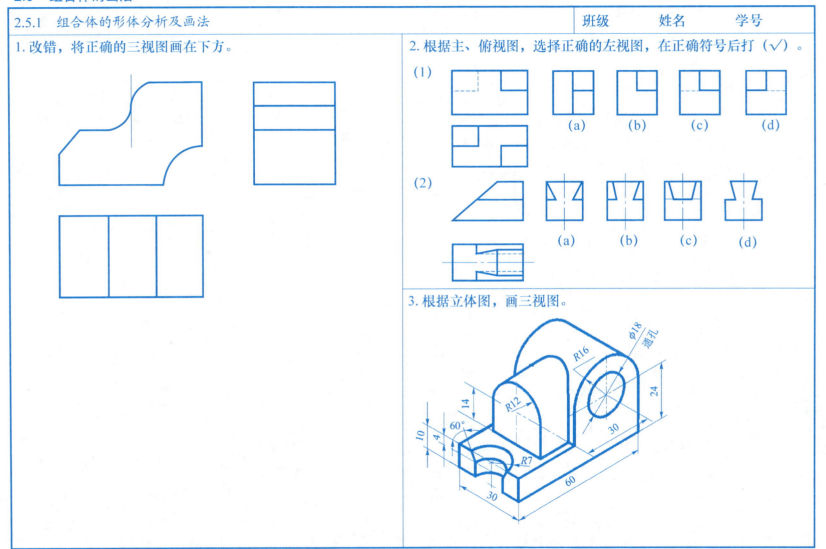

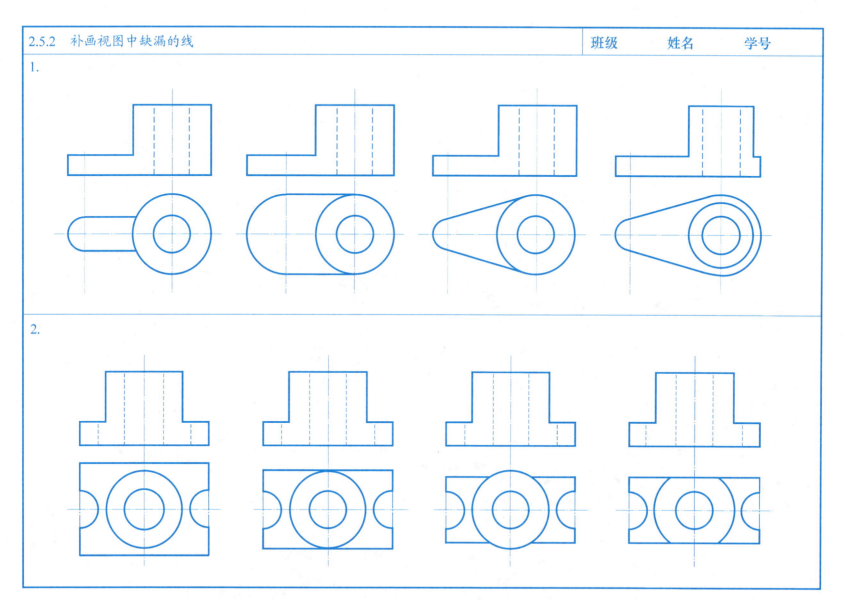

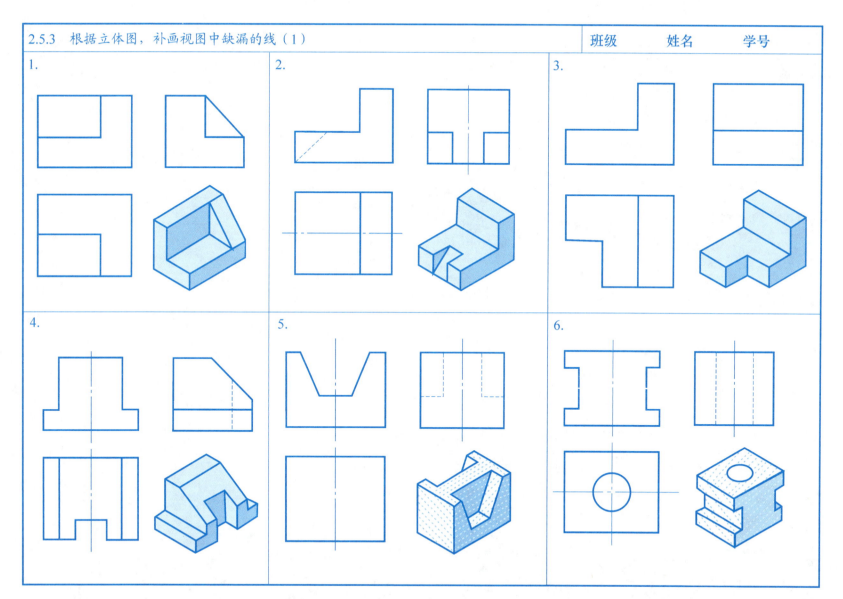

2.5.4 根据立体图，补画视图中缺漏的线（2） 班级　姓名　学号

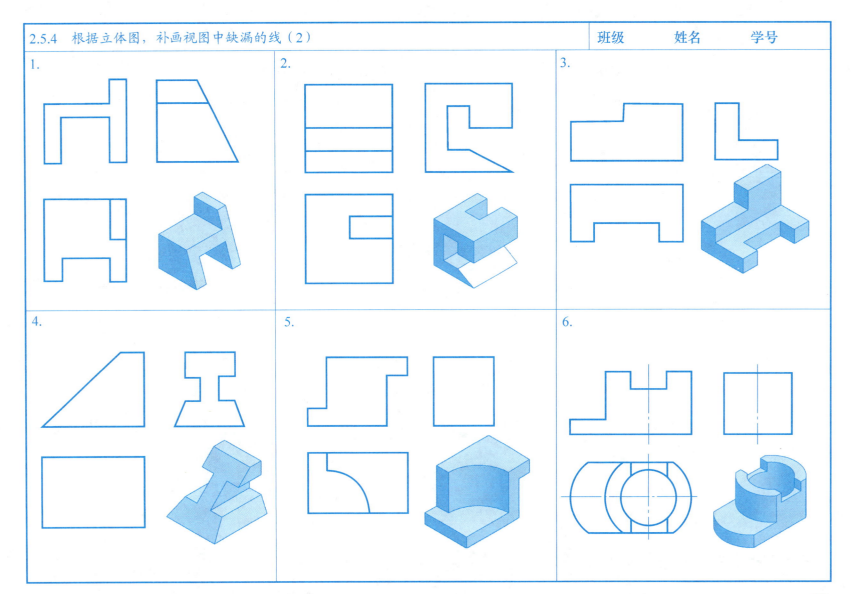

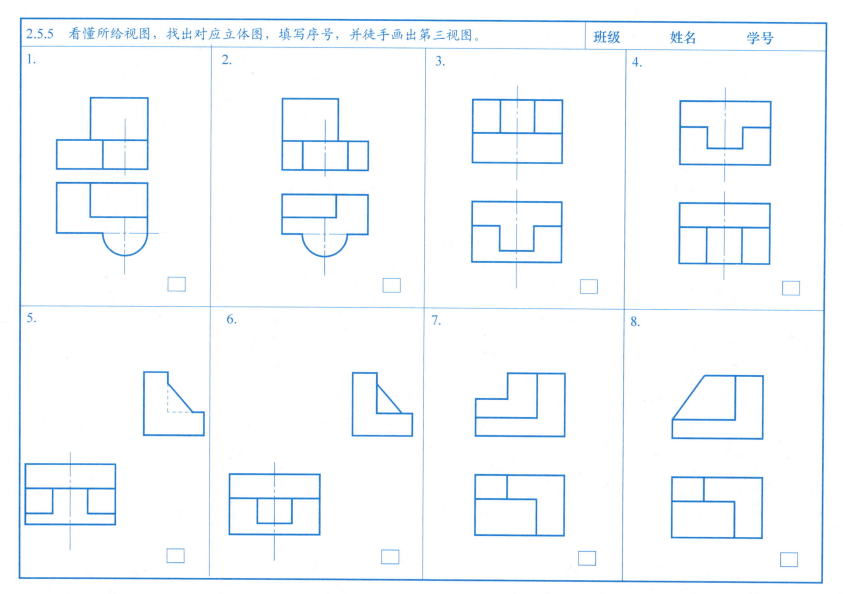

2.5.6 立体图（续前） 班级 姓名 学号

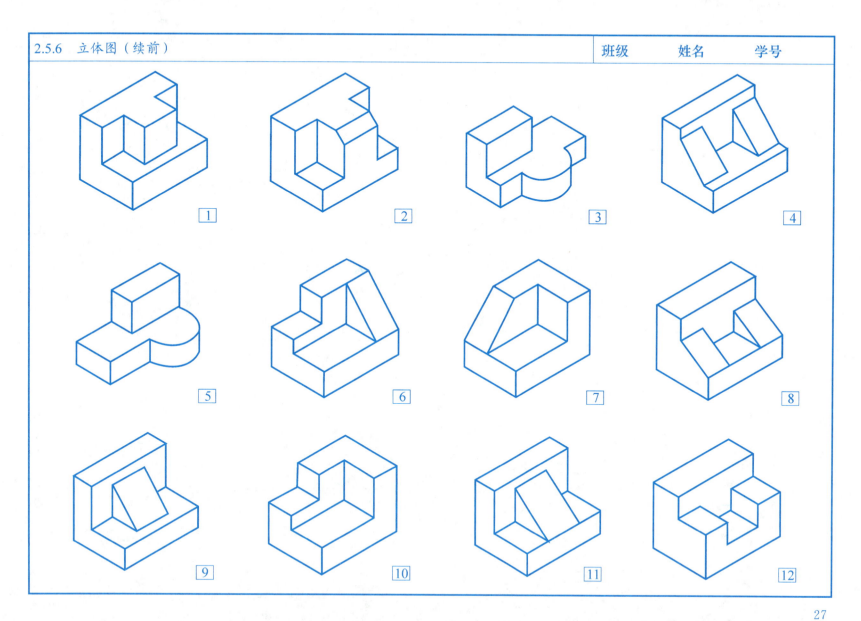

2.5.7 根据立体图画三视图　　　　　　　　　　班级　　姓名　　学号

1.

2.

3.

4.

28

2.5.8 补画视图中缺漏的图线

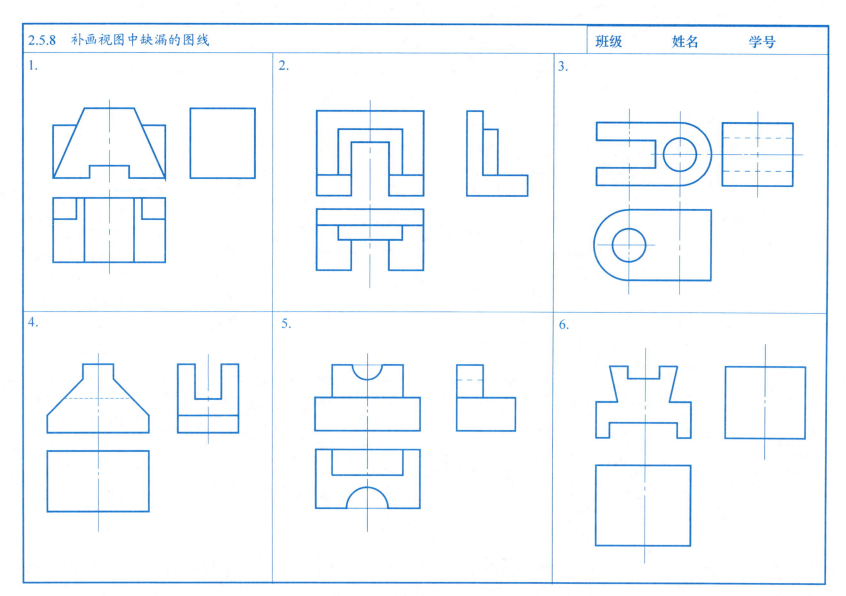

2.6 看组合体视图的方法

2.6.1 根据两视图，补画第三视图　　　　　班级　　姓名　　学号

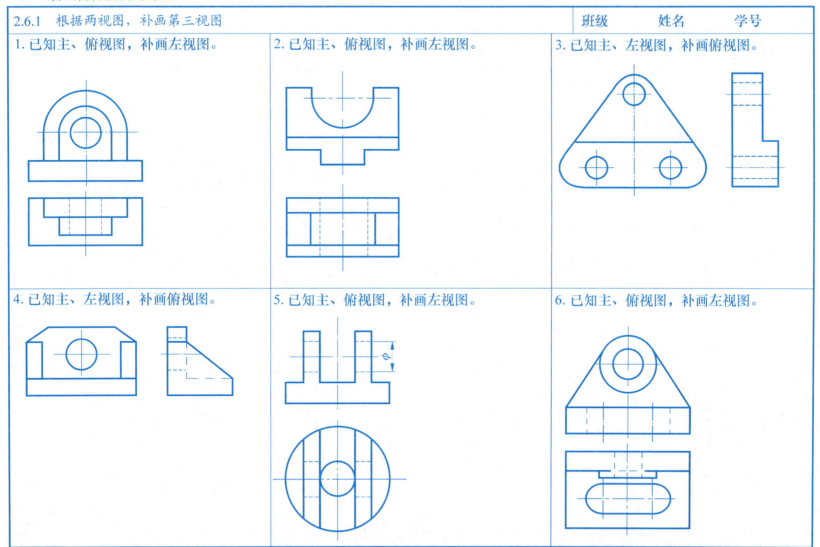

1. 已知主、俯视图，补画左视图。
2. 已知主、俯视图，补画左视图。
3. 已知主、左视图，补画俯视图。
4. 已知主、左视图，补画俯视图。
5. 已知主、俯视图，补画左视图。
6. 已知主、俯视图，补画左视图。

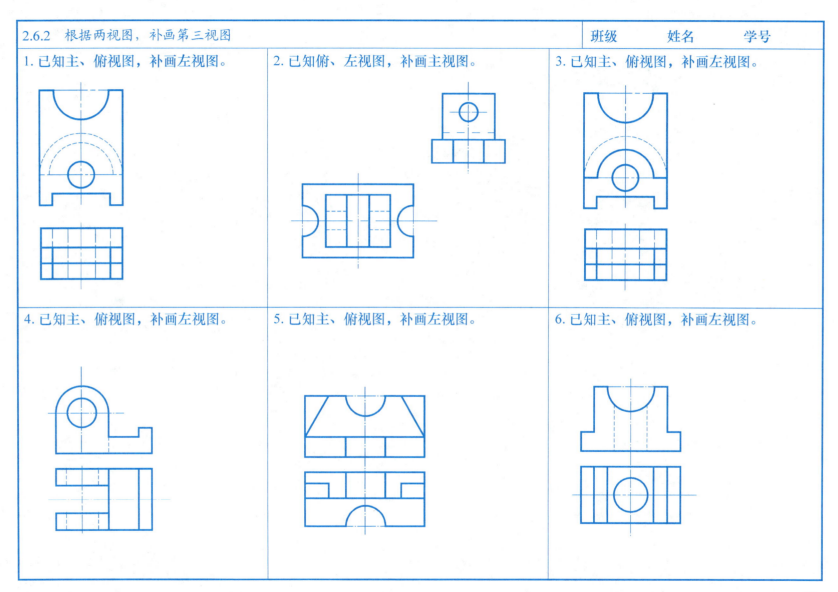

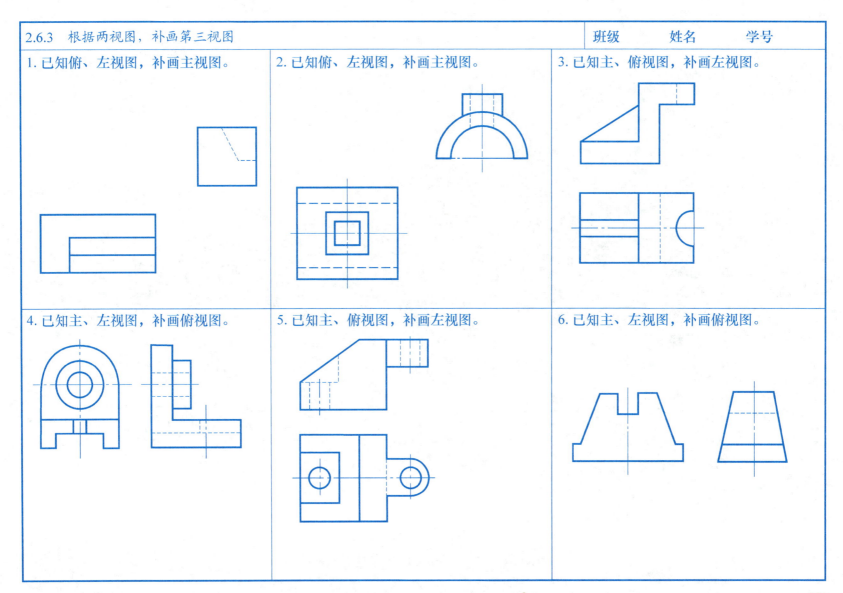

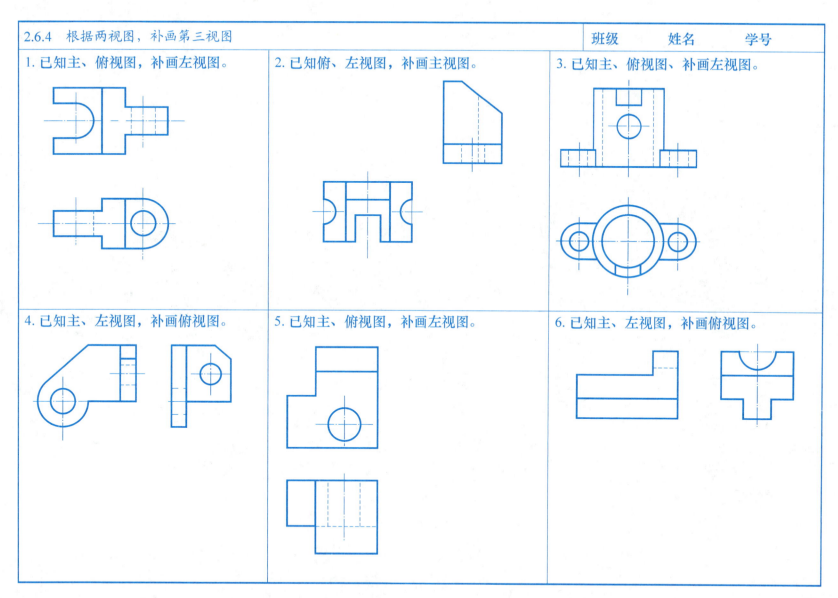

2.6.5 根据给出两视图，补画第三个视图 班级　　姓名　　学号

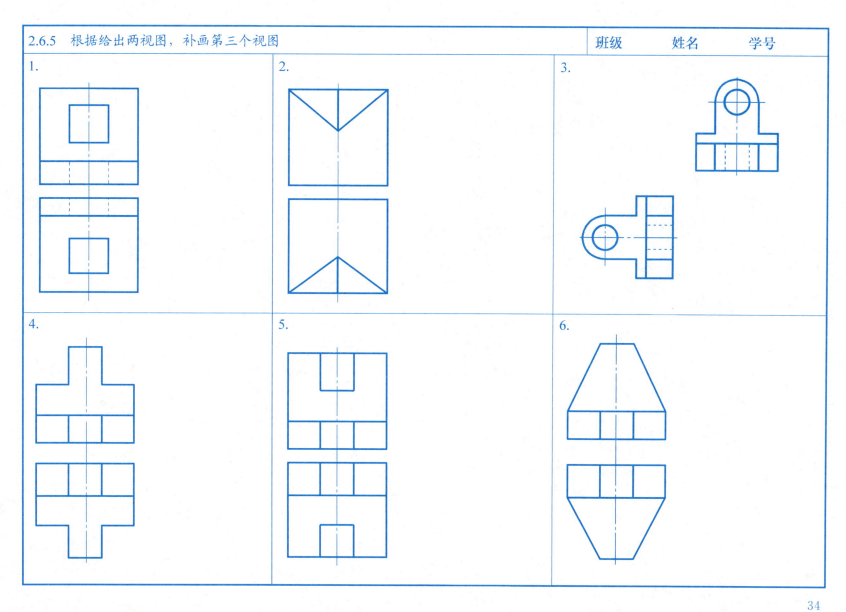

| 2.6.6　构思构件 | 班级　　姓名　　学号 |

1. 根据主视图，构思不同的形体，补画其他两个视图。

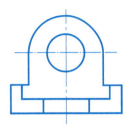

2. 根据主、俯视图，构思不同的形体，补画左视图。

2.7 综合练习

2.7.1 组合体视图作业

| 班级 | 姓名 | 学号 |

1. 目的

培养运用形体分析法画组合体三视图的能力。

2. 内容与要求

(1) 根据立体图，选择恰当的主视图投影方向，画出该组合体的三视图。

(2) 本作业共两个小题，可从中选作一题。

(3) 用A3图幅，比例自定，图名填写"组合体投影作图"，图号参照第一次和第二次作业填写。

(4) 图形正确，布置适当，线型合格，符合国标，加深均匀，图面整洁。

3. 作业指示

(1) 根据已知的立体图，对组合体进行形体分析。

(2) 选择合适的主视图。

(3) 根据图幅、组合体的大小选取比例，合理布置三视图的位置。

(4) 根据正确的作图步骤，画出组合体三视图的底稿。

(5) 检查修正，擦去多余的线，加深图线。

(6) 填写标题栏。

4. 图样

见右图。

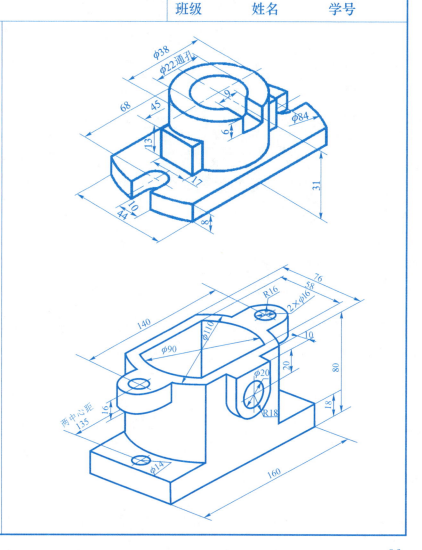

第3章 尺寸标注

3.1 判断正误

3.1.1 已知下列四组图中，每组只有一个图的尺寸标注是正确的，试选择正确答案（✓）　　班级　　姓名　　学号

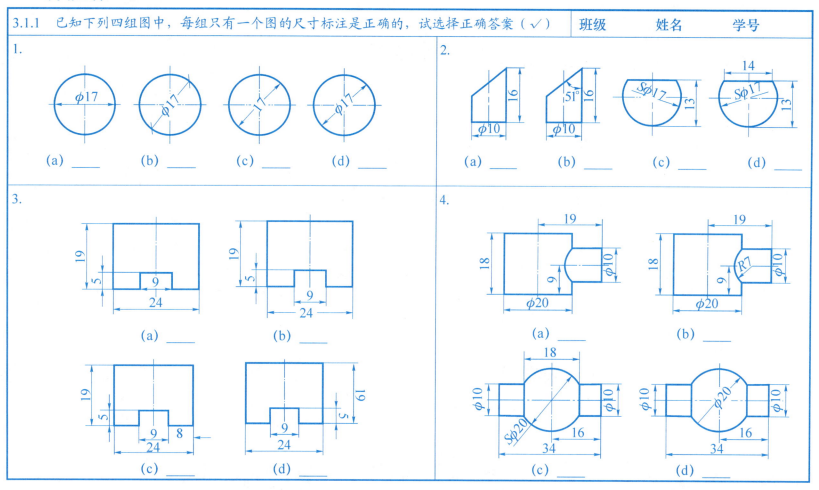

3.2 标注尺寸

3.2.1 给下列图形标注尺寸，尺寸数字按1∶1比例从图中量取　　　班级　　姓名　　学号

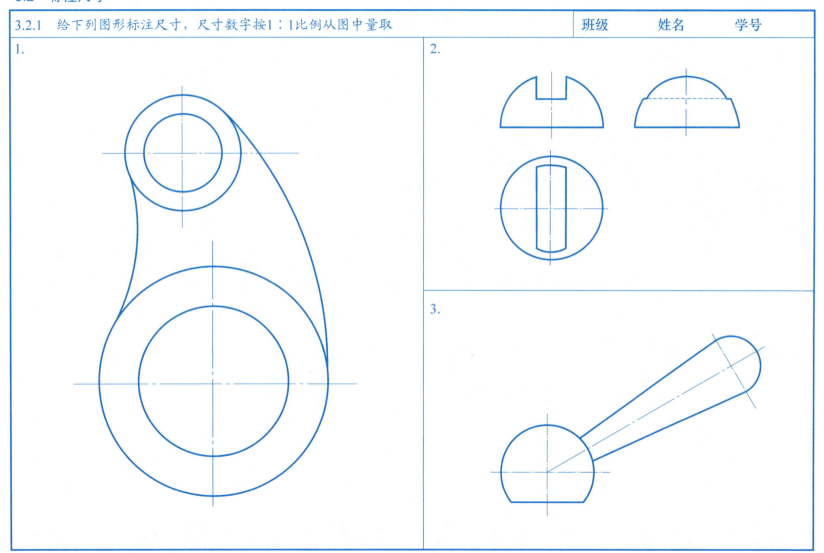

1.

2.

3.

3.2.2 读懂三视图，先按形体分析法分别标注各基本体尺寸，再标注组合体尺寸　　班级　　姓名　　学号

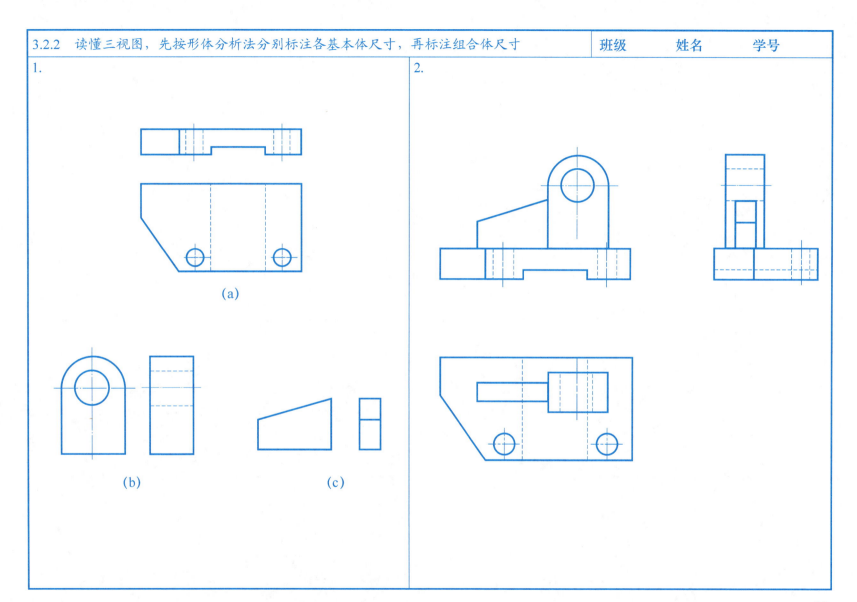

3.3 综合练习

3.3.1 按下列要求设置标注样式，根据轴测图，画出组合体三视图，标注尺寸 班级　　姓名　　学号

1．设置机械图尺寸标注样式
  （1）样式名称：JX
  （2）基础样式：ISO—25
  （3）使用范围：所有标注
  （4）在"新建标注样式"对话框中"直线和箭头"选项卡中设置：
     基线间距：8
     超出尺寸线：2
     箭头：实心闭合
  （5）在"新建标注样式"对话框中"文字"选项卡中设置：
     文字高度：3.5
     从尺寸线偏移：1
  （6）在"新建标注样式"对话框中"调整"选项卡中设置：
     使用全局比例：本节根据出图打印比例输入相应的比例系数
  （7）在"新建标注样式"对话框中"主单位"选项卡中设置：
     精度：0
     比例因子：根据当前绘图比例输入相应的比例系数。该系数与线性尺寸测量值（即图形上线段高度）的乘积即为尺寸标注值。

2．图　样
  见右图。

根据轴测图按1：1比例绘制组合体三视图，并标注尺寸。

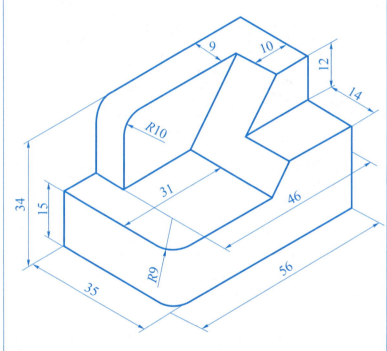

第4章 机件的常用表达方法

4.1 视 图

4.1.1 根据主、俯、左三视图，补画右、后、仰视图（1）　　　　　　　班级　　姓名　　学号

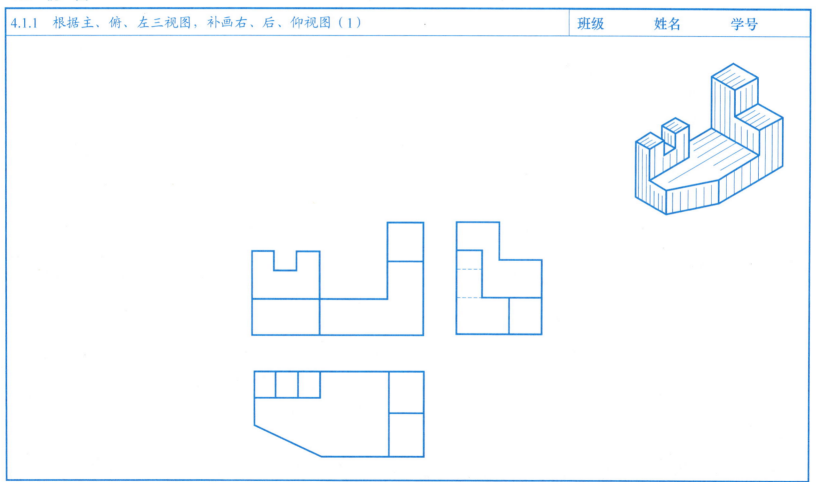

41

4.1.2 根据主、俯、左视图，补画右、后、仰视图（2） 班级　　姓名　　学号

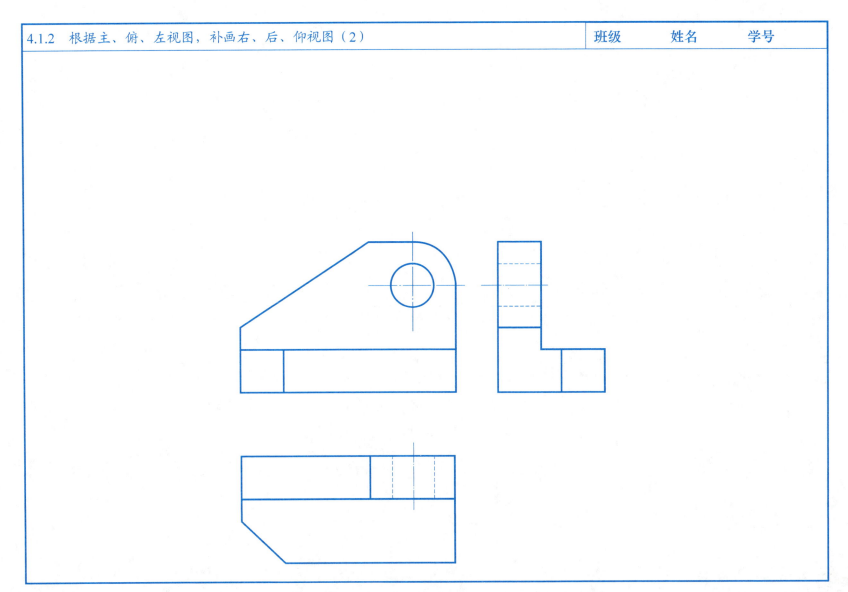

4.1.3 根据主、俯、左三视图，补画右、后、仰视图（3） 班级　　姓名　　学号

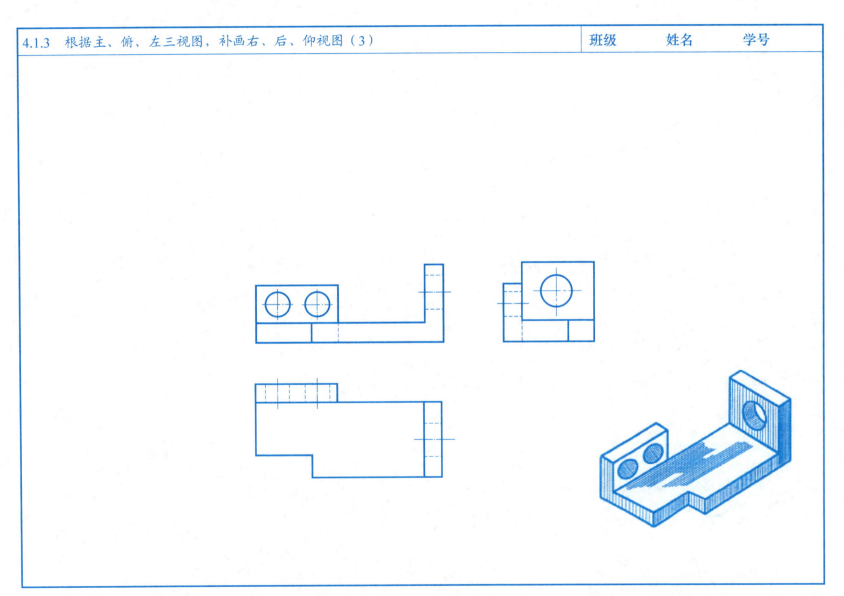

4.1.4 画向视图、斜视图及局部视图（1）　　　　班级　　姓名　　学号

1. 在指定位置画出 F、D 向视图。

2. 补画斜视图和局部图。

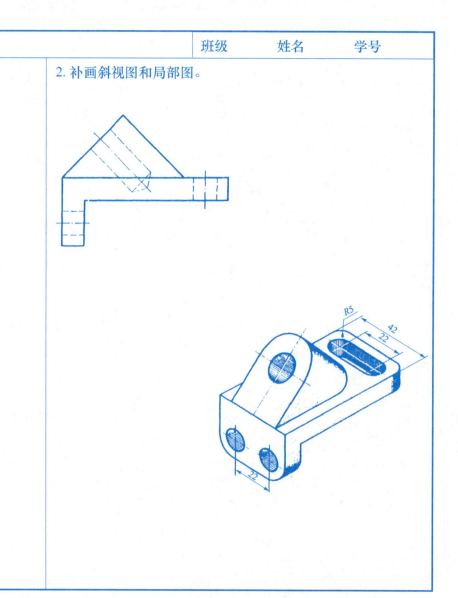

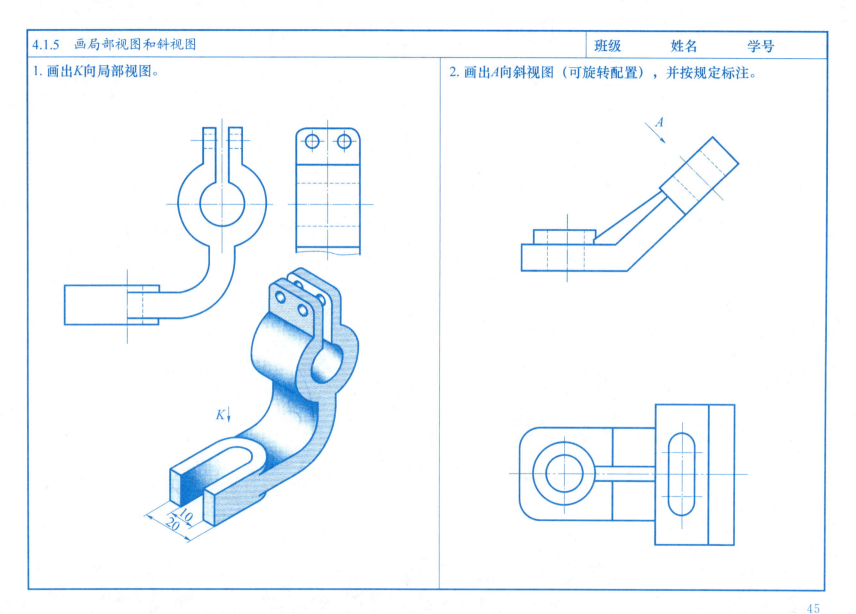

4.1.6 画斜视图与综合练习　　　　　　　　　　　　　　班级　　　姓名　　　学号

1. 根据主、左视图，画出底板的实形。

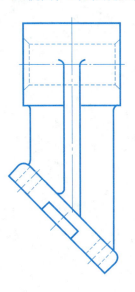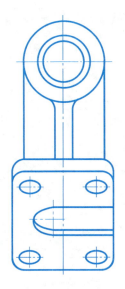

2. 视图综合练习。指出下列图形中的错误画法：①A向视图的槽口位置画得对吗？②、③处斜视图标注对吗？④波浪线范围画得对吗？⑤B向局部视图需要标注吗？⑥C向视图方向画得对吗？⑦C向局部视图的波浪线范围画得对吗？波浪线可否省略不画？⑧A向斜视图的旋转画法和标注对吗？请予纠正。

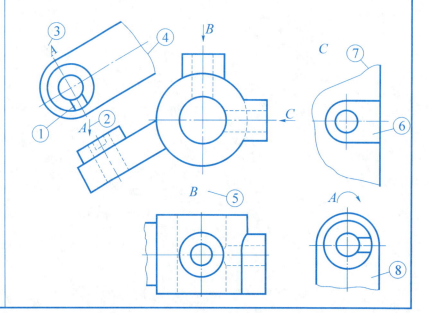

4.2 剖视图

4.2.1 补画下列全剖视图中的漏线（1）　　　班级　　姓名　　学号

1.

2.

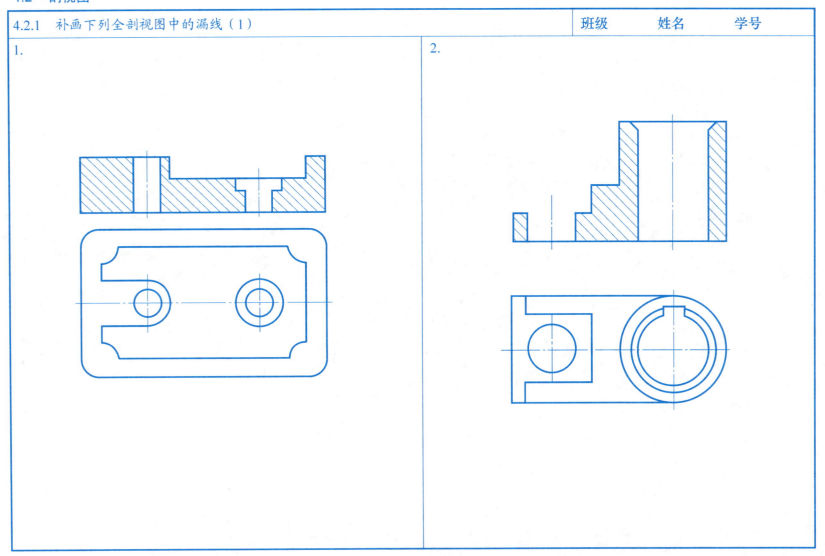

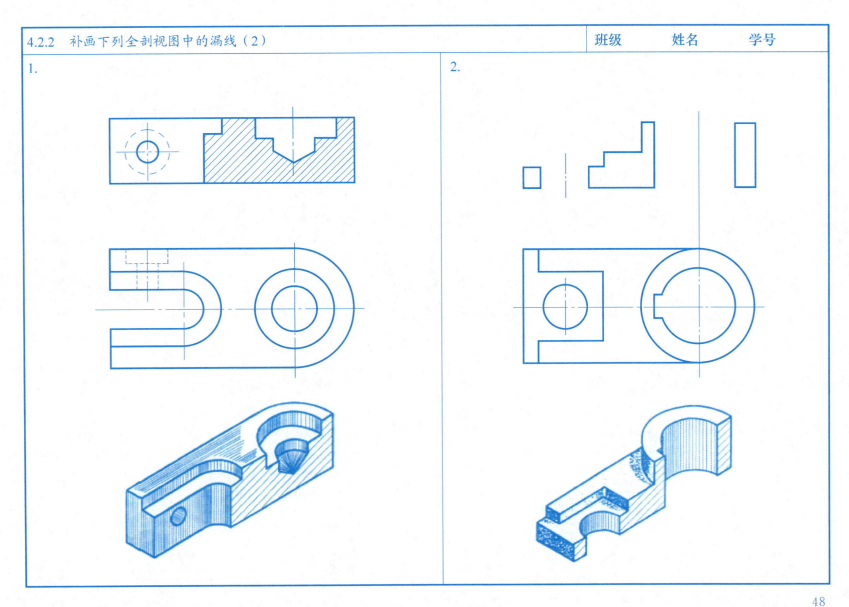

4.2.3 将主视图画成剖视图　　　　　　　　　　　班级　　姓名　　学号

1. 画全剖视图。　　　　　　　　　　　　　　　2. 画半剖视图。

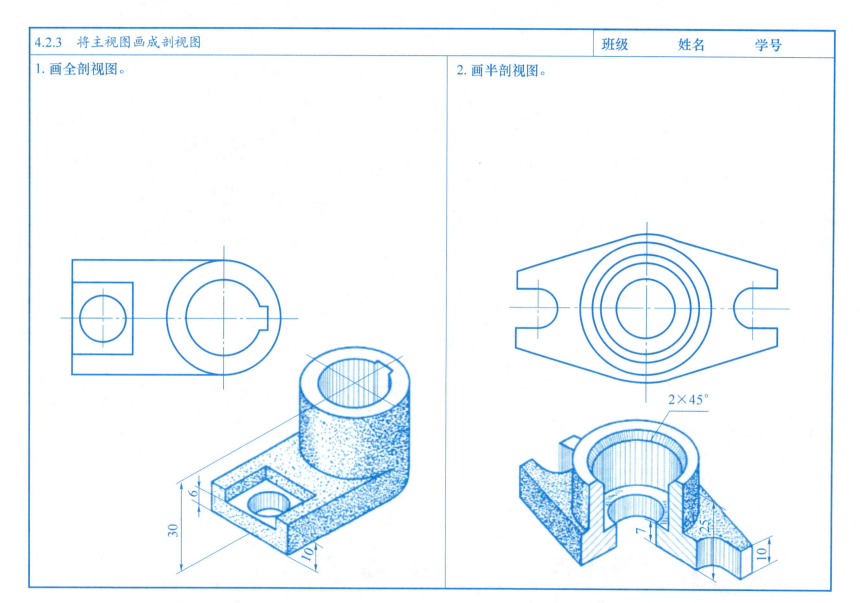

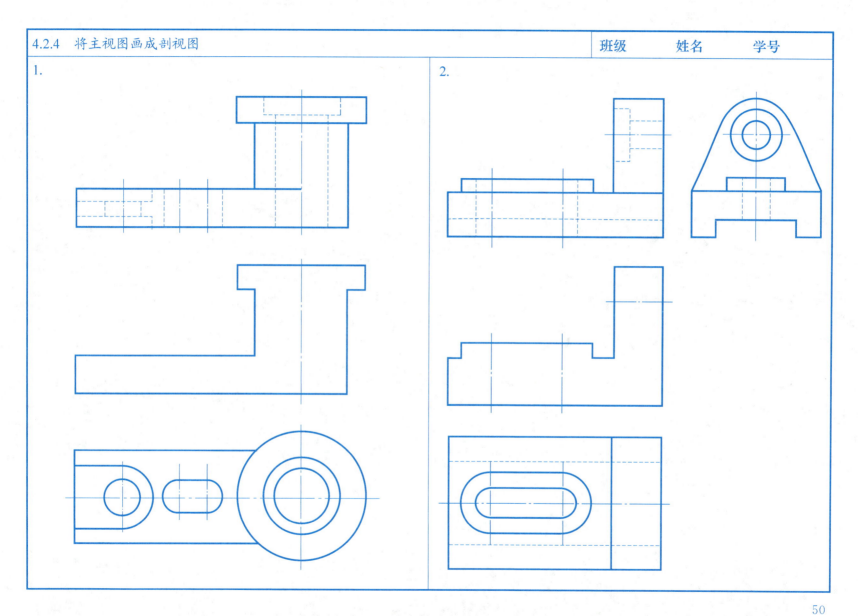

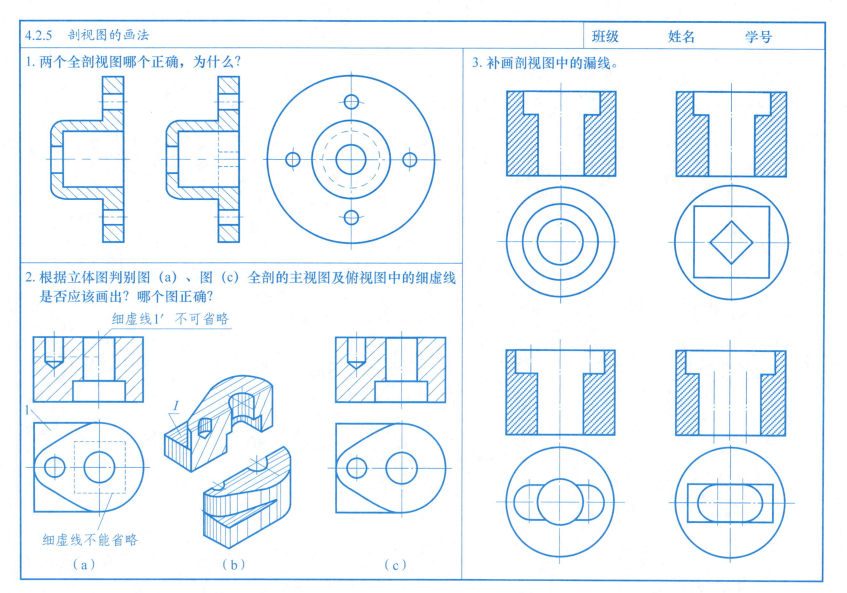

4.2.6 用单一剖切面,将主视图画成全剖视图　　　　　　　班级　　姓名　　学号

1.

2.

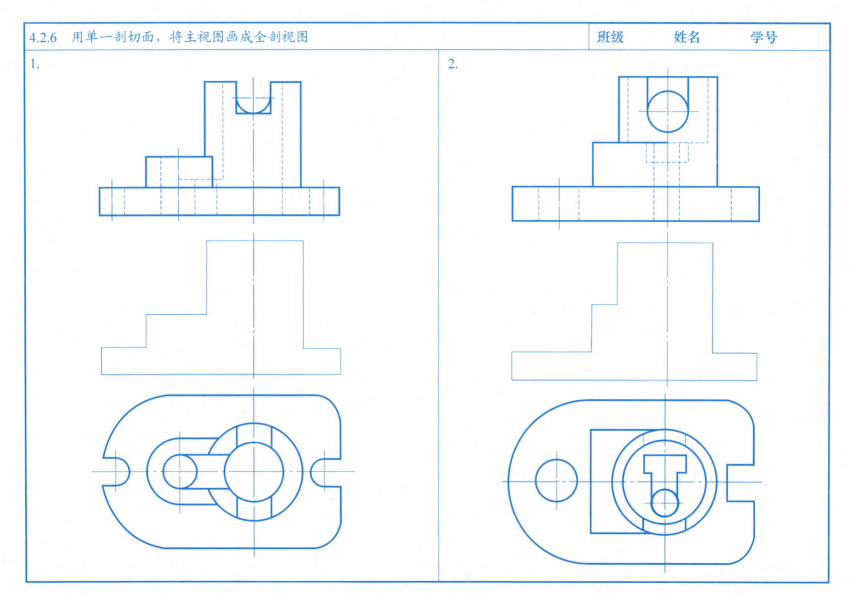

52

4.2.7 用几个平行剖切平面将主视图画成剖视图 班级 姓名 学号

1.

2.

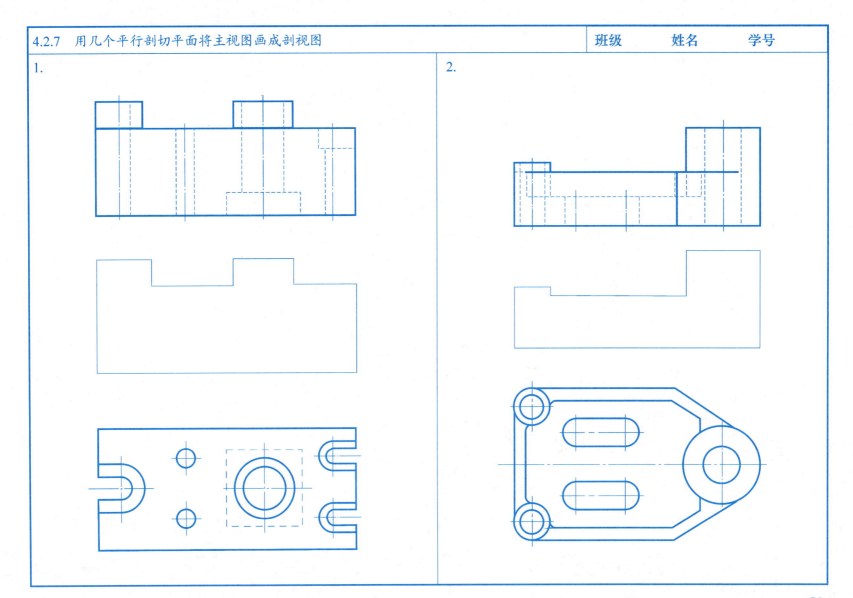

4.2.8 用平行的剖切平面，将主视图画成剖视图

1.

2.

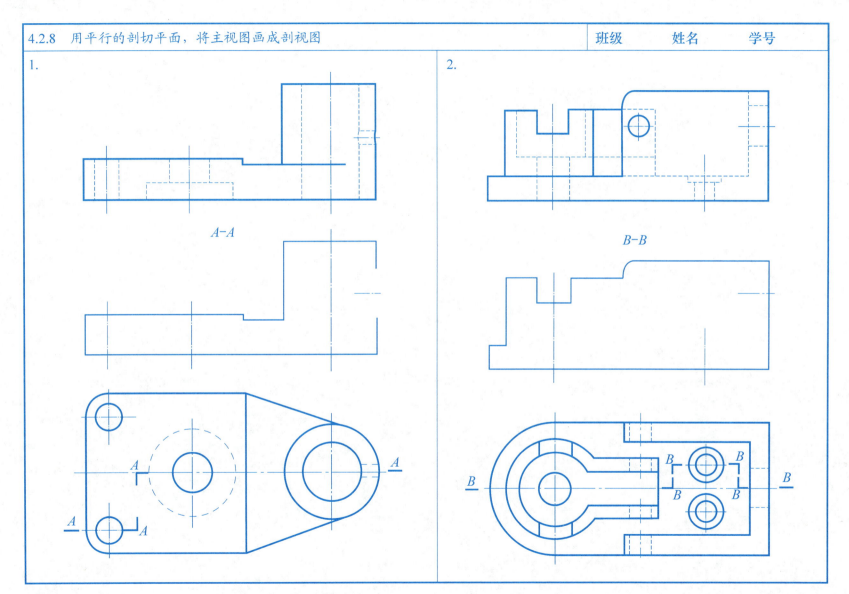

4.2.9 找出并改正下列剖视图中错误的标注及画法　　　　　　　　　　　　　　　班级　　姓名　　学号

1.

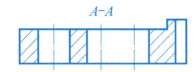

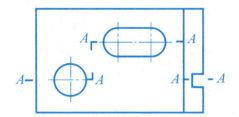

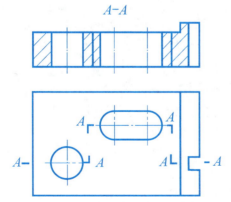

2.

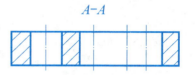

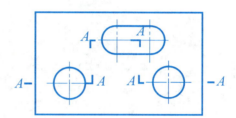

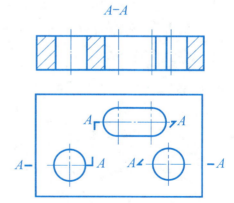

4.2.10 用几个相交的剖切平面将主视图画成剖切视图　　　班级　　姓名　　学号

1.

2.

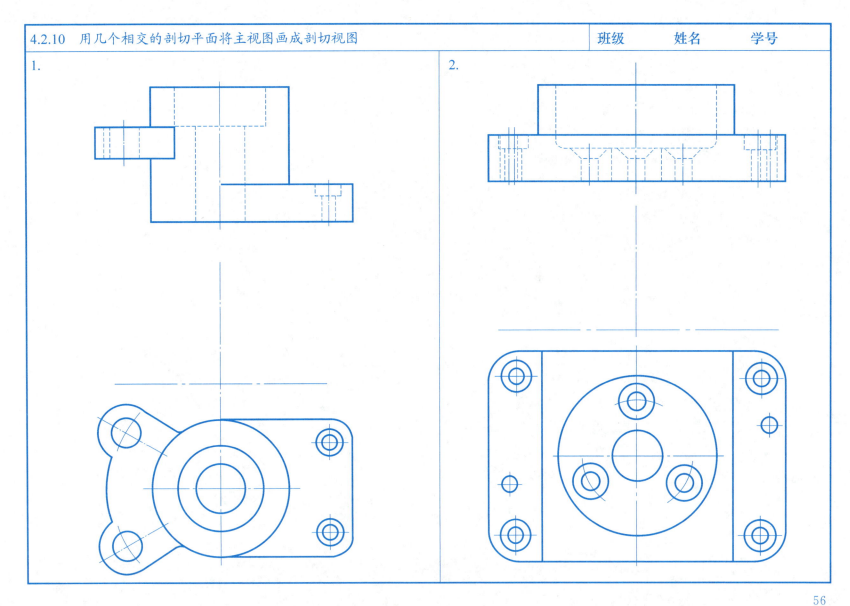

4.2.11 用相交的剖切面，将主视图改画成剖视图和半剖视图

1. 改画成全剖视图。

2. 改画成半剖视图。

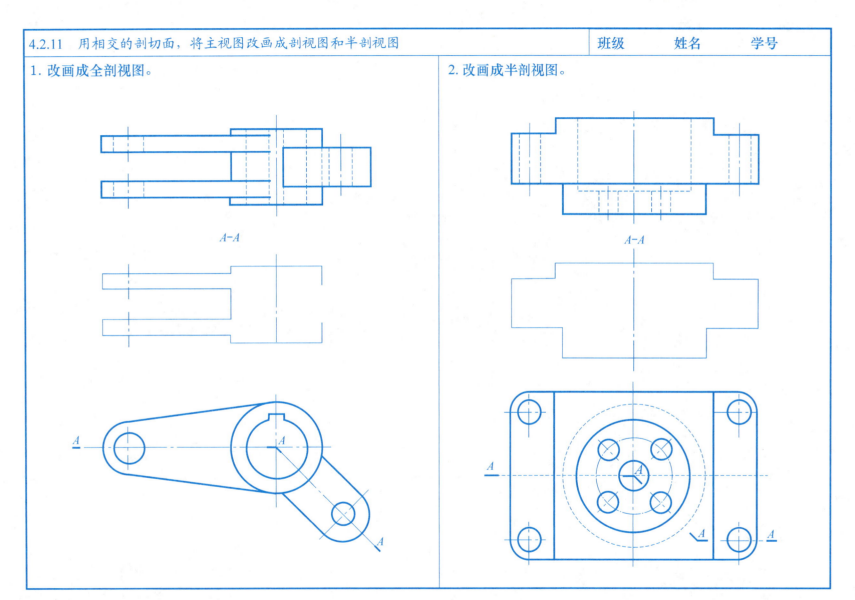

4.2.12 作A-A、B-B全剖视图

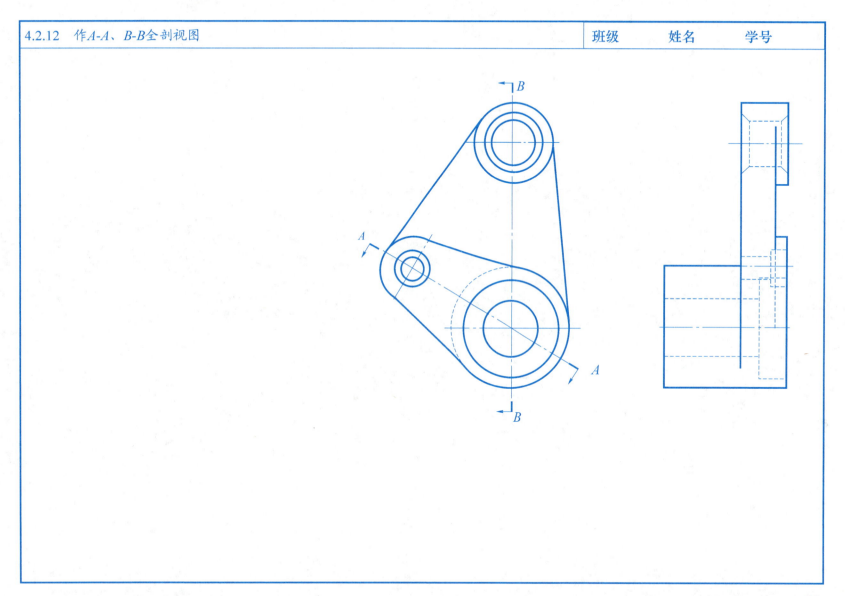

4.2.13 在指定的位置画出A-A半剖视图，并将左视图画成半剖视图　　班级　　姓名　　学号

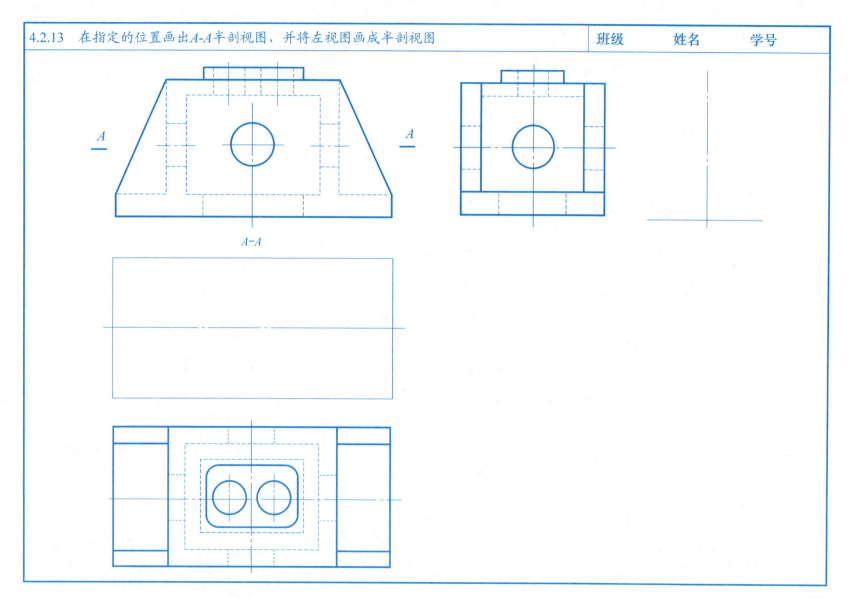

4.2.14 选择正确的局部剖视，在括号内画（对号）

1.

2.

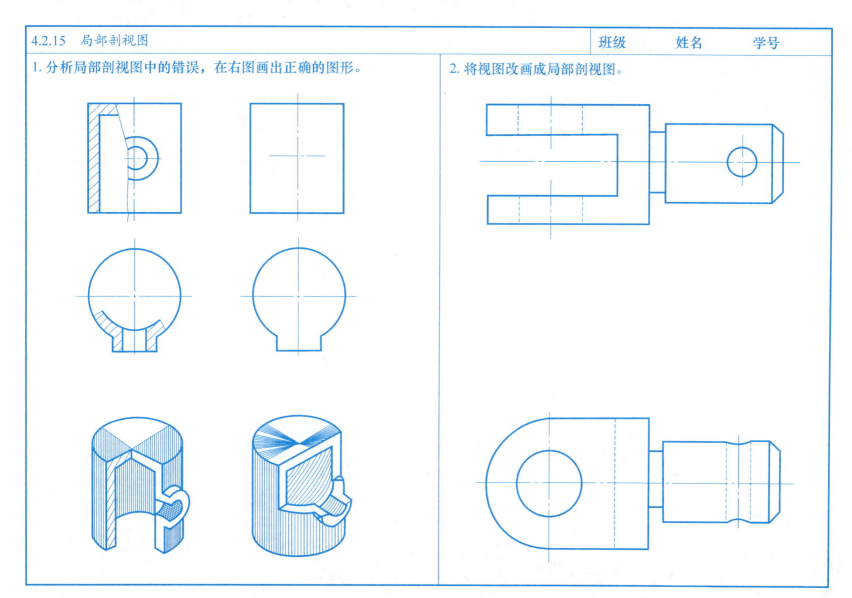

4.2.16　标注剖切位置、剖视名称和尺寸　　　　　班级　　姓名　　学号

1. 读懂各视图，标注剖切位置及剖视名称。

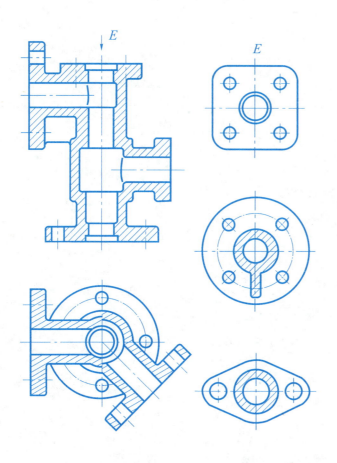

2. 在剖视图中标注尺寸（尺寸从图中按1∶1量取整数）。

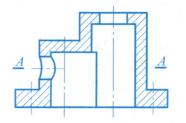 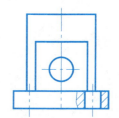

62

4.3 断面图

4.3.1 分辨正确和错误的断面图（在正确的断面图处打"√"）

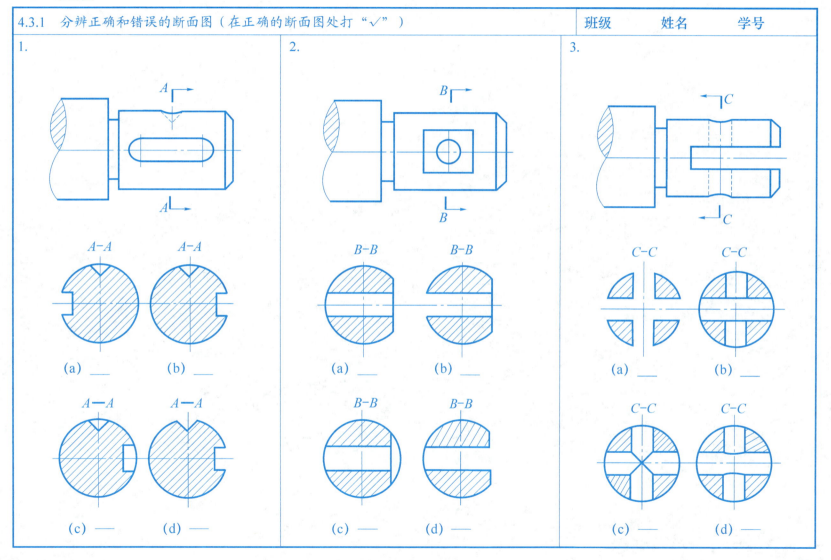

4.3.2 绘制断面图　　　　　　　　　　　　　　　　　　　　　　班级　　姓名　　学号

1. 画两个相交剖切平面的移出断面图（画在剖切线的延长线上）。

2. 把L形角铁改画成重合断面图。

3. 指出下面剖面符号画法的错误，把移出断面图改画成重合断面图。

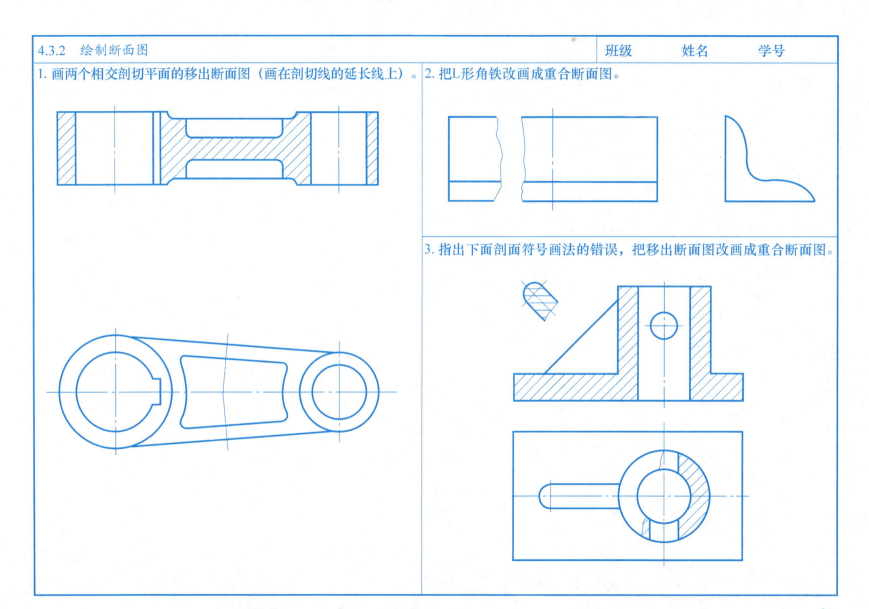

4.3.3 在指定位置画出移出断面图　　班级　　姓名　　学号

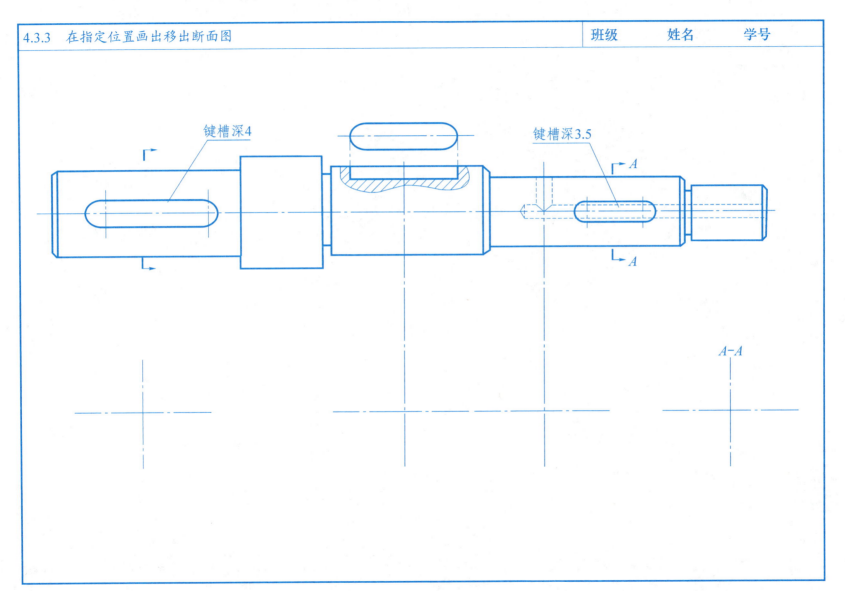

4.4 规定画法

| 4.4.1 在指定位置将主视图改画为正确的剖视图 | 班级　　姓名　　学号 |

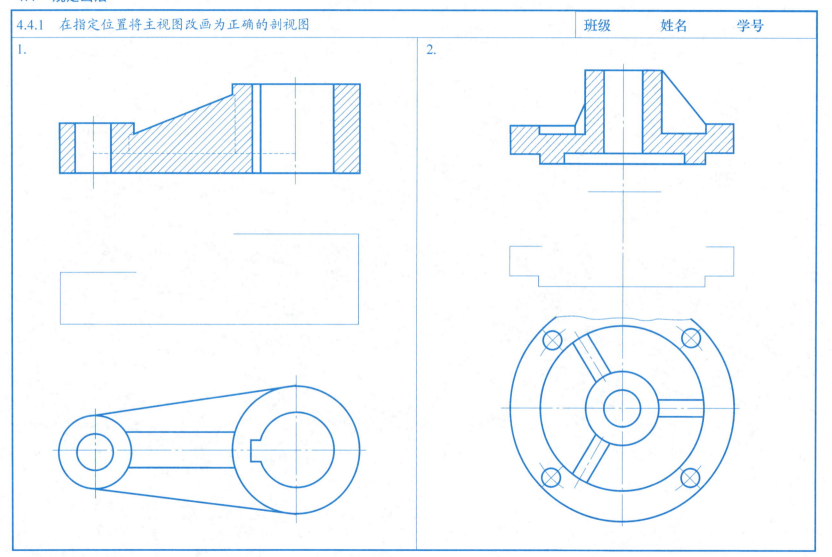

66

4.5　第三角画法

4.5.1　绘制第三角画法的视图　　　　班级　　姓名　　学号

1. 根据轴测图,徒手画出六个基本视图

2. 根据主、俯、右视图,补画左、仰、后三视图。

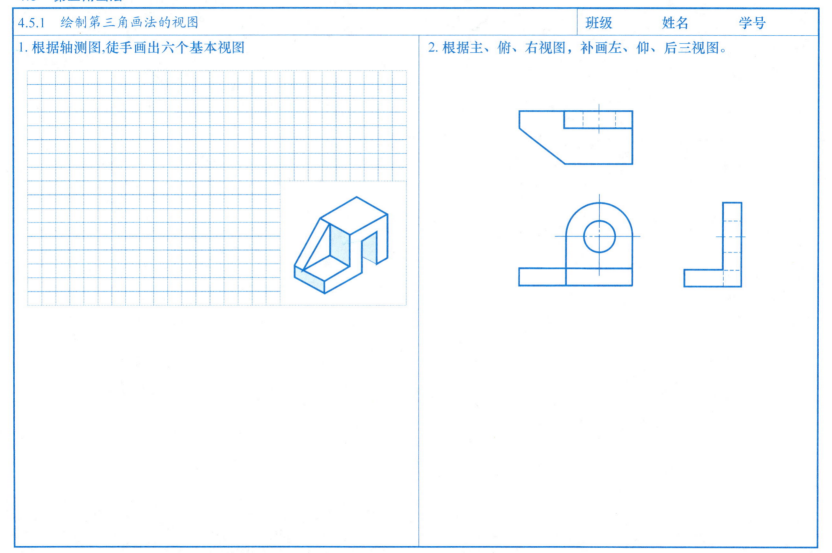

4.5.2 绘制第三角画法的视图　　　　　　　　　　　　　班级　　　姓名　　　学号

1. 根据主视图和右视图，补画俯视图。

2. 根据轴测图，画出主视图、俯视图和右视图（尺寸从图中量取，两圆孔为透孔）。

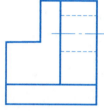

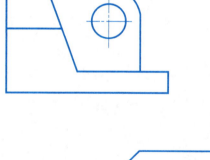

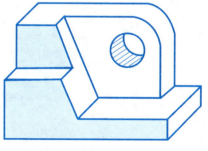

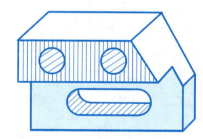

68

4.6 综合练习

4.6.1 剖视图作业（可用计算机绘图）   班级   姓名   学号

1．目的

（1）熟悉剖视图、断面图等的画法，进一步提高空间想象力。

（2）剖视图应直接画出，而不应先画成视图，再改画成剖视图。

（3）进一步提高形体分析能力及机件结构的表达能力。

（4）训练应用图样画法、选择合适机件的表达方法。

2．内容与要求

（1）根据模型（轴测图或视图）画剖视图。

（2）用A3图纸，比例自定。

3．注意事项

（1）在应用形体分析法看清机件形状的基础上，选择表达方法，应把形体分析和图样画法结合起来考虑，初选几种方案进行比较，从中确定最佳方案。

（2）剖面线一般不应画底稿线，而在描深时一次画成。各视图中的剖面线（细实线）方向和间隔应保持一致。

（3）注意区分哪些剖切位置和剖视图名称应标注，哪些不必标注。注意局部剖视中波浪线的画法。

（4）标注尺寸仍须应用形体分析法。

1.

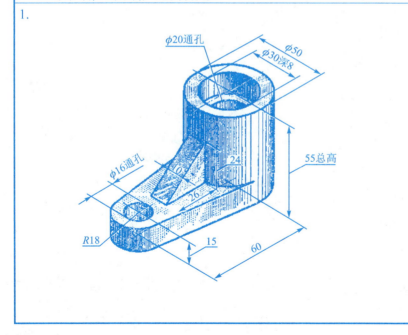

2.

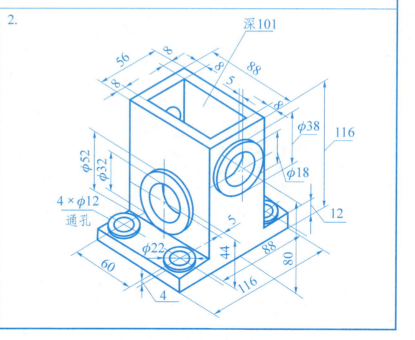

第5章 三维图形绘制

5.1 绘制轴测投影图

5.1.1 根据三视图，画出正等轴测图（尺寸从图中量取）　　　班级　　姓名　　学号

1.

2.

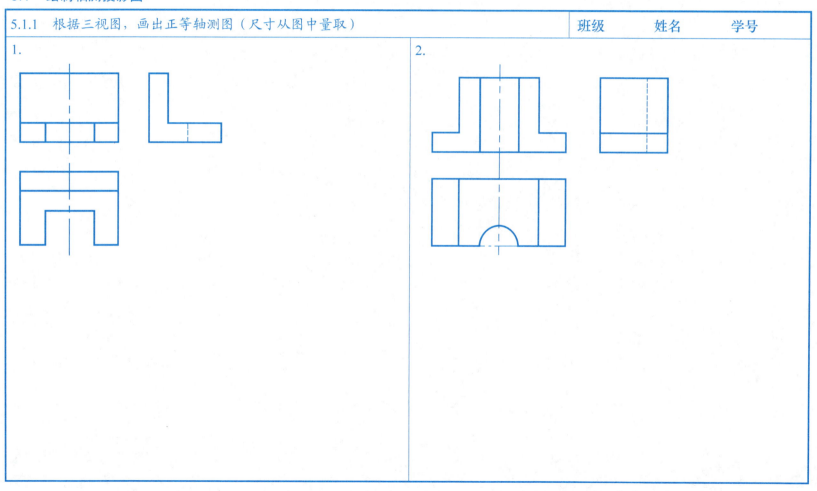

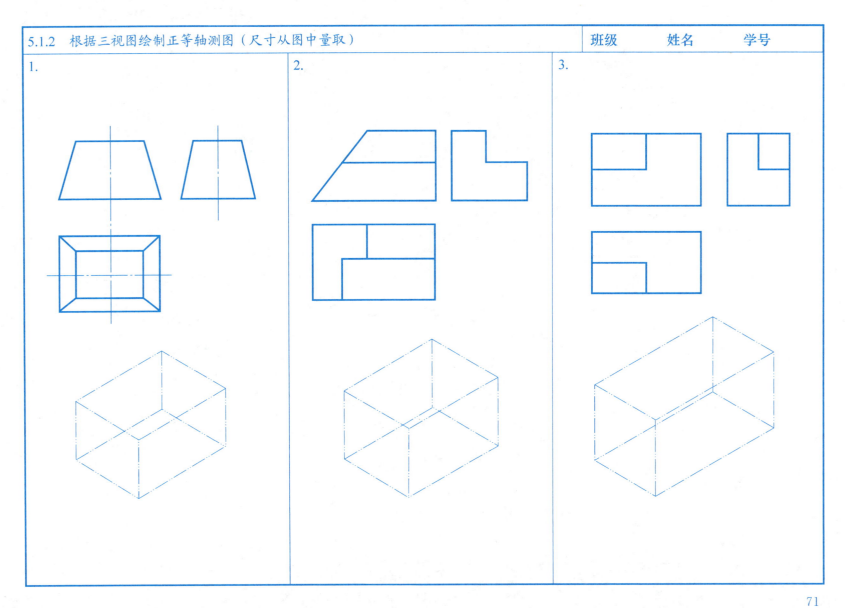

5.1.3 根据视图绘制正等测轴测图（尺寸从视图中按1∶1量取） 班级　　姓名　　学号

1.

2.

3.

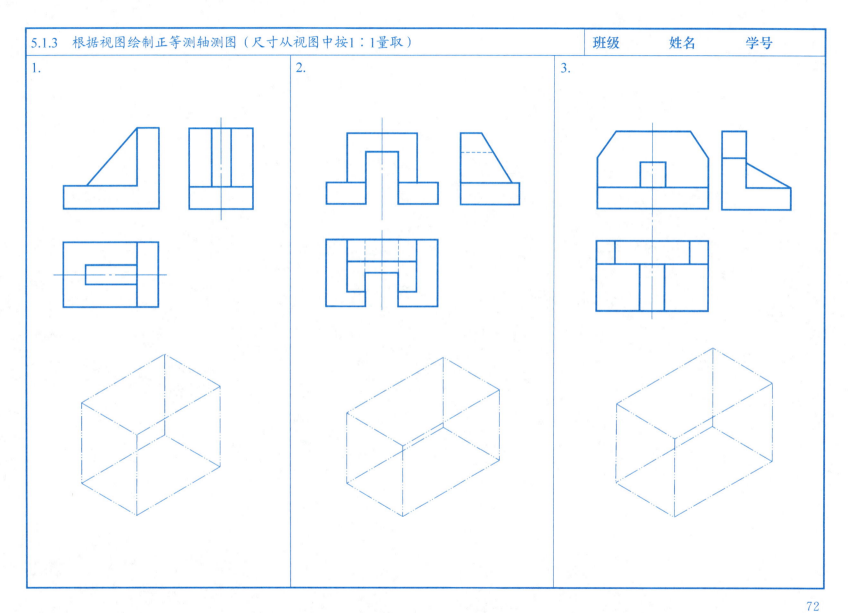

72

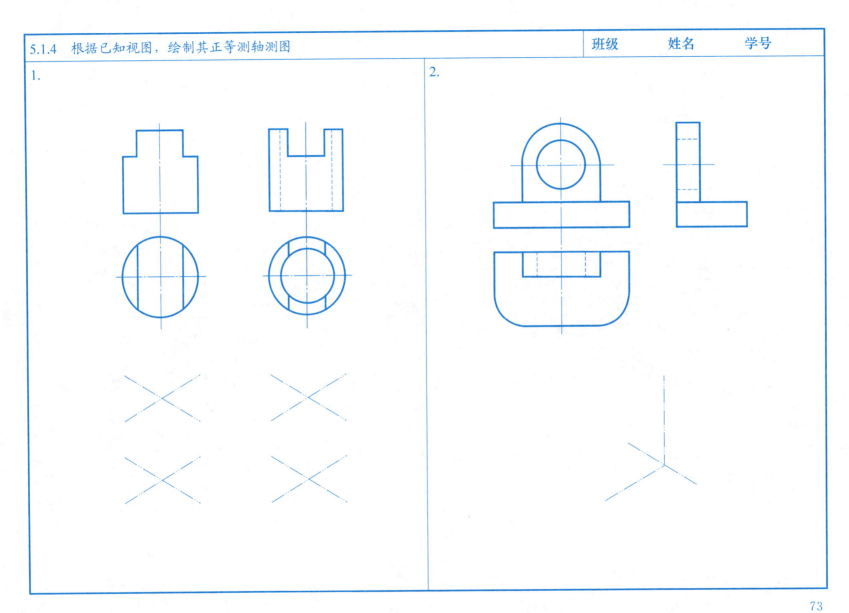

5.1.5 画轴测图，补画第三视图

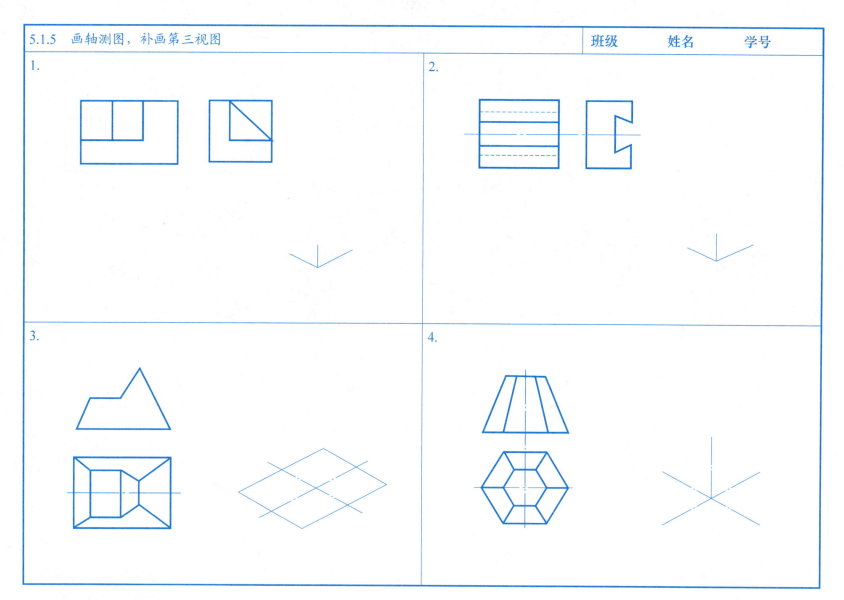

5.1.6 根据视图绘制斜二测轴测图（尺寸从视图中按1∶1量取）　　　　班级　　　姓名　　　学号

1.

2.

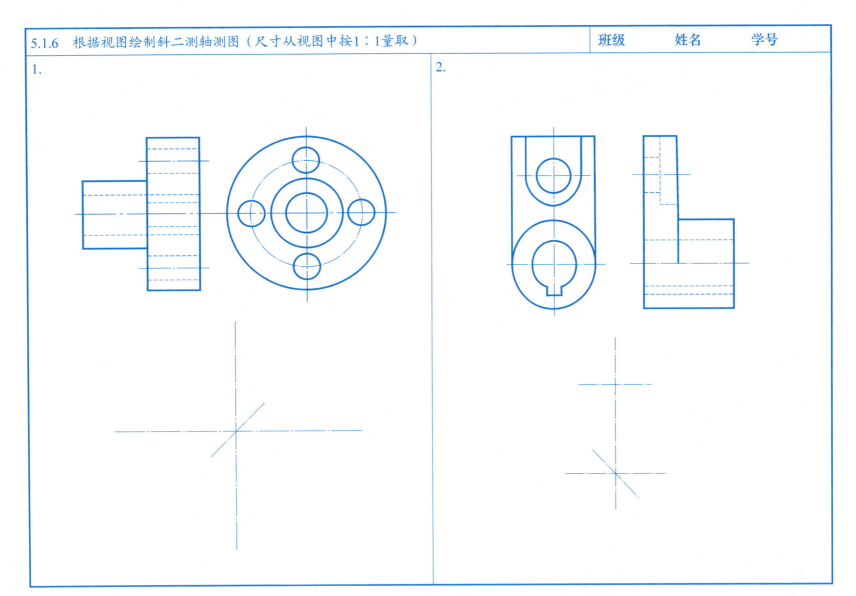

75

5.1.7 根据已知视图，画出斜二测图（尺寸从图中量取） 班级　　姓名　　学号

1.

2.

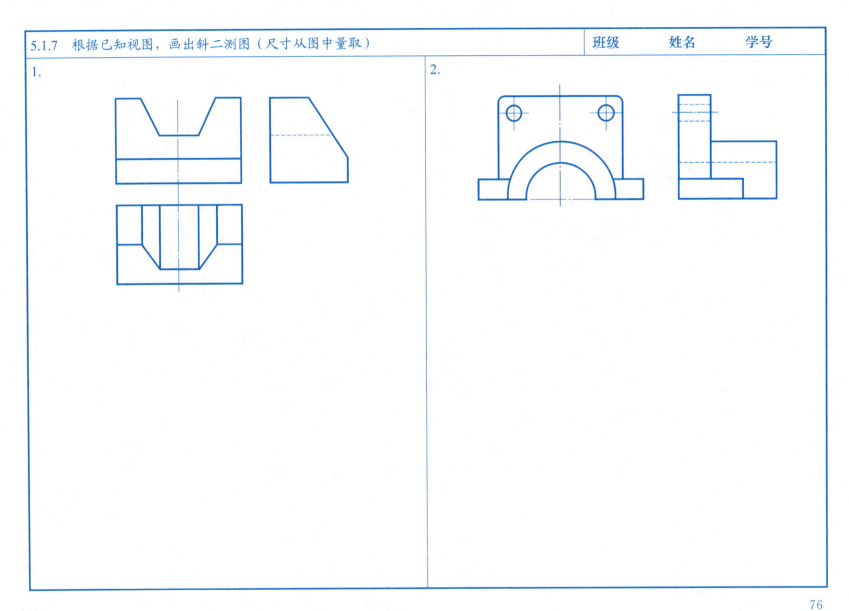

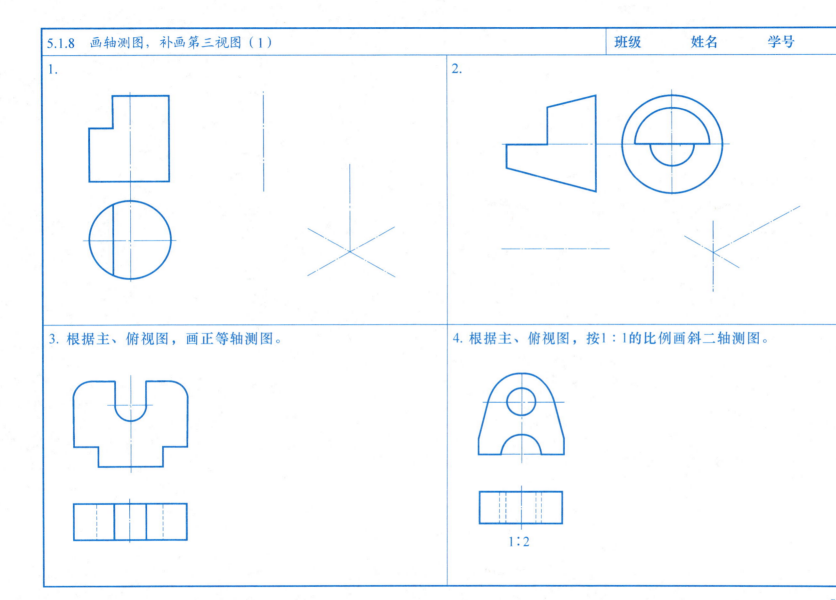

5.2 三维实体造型

5.2.1 创建三维实体（用AutoCAD） 班级　　姓名　　学号

1.

2.

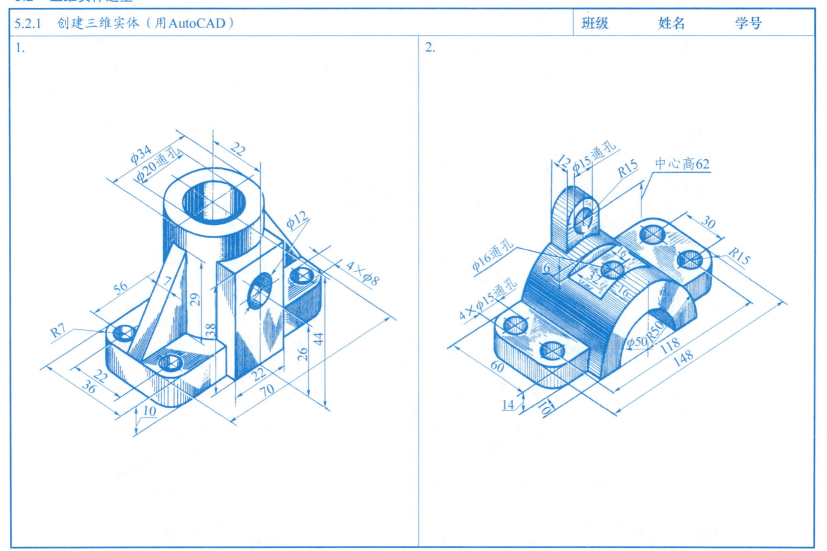

5.2.2 按1:1比例，创建如图所示组合体的三维实体　　班级　　姓名　　学号

1.

2.

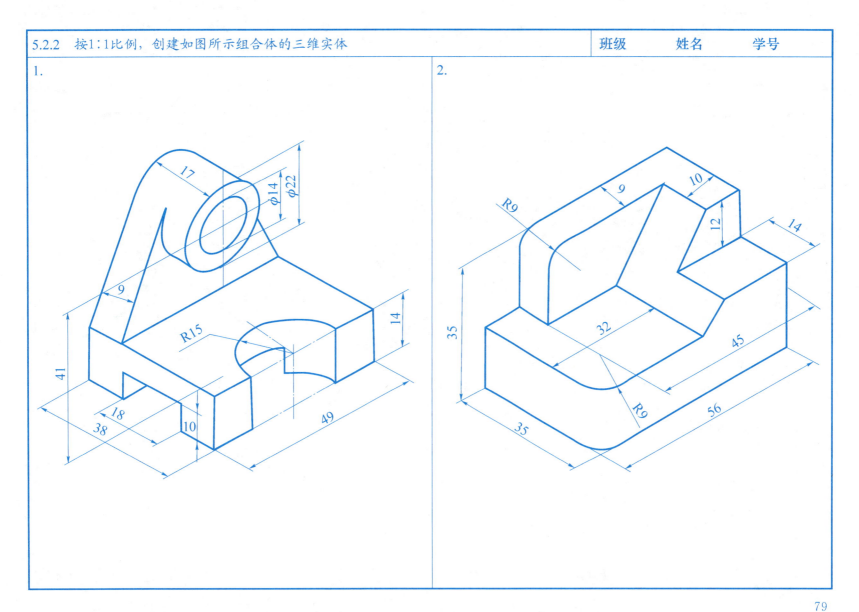

5.2.3 用AutoCAD实体造型法画出各形体的轴测图　　　　班级　　姓名　　学号

1.
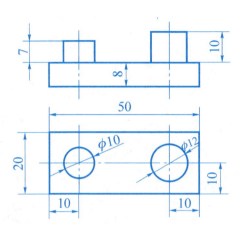

2.
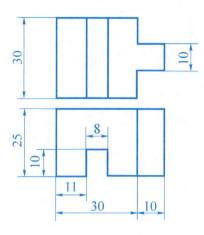

3.
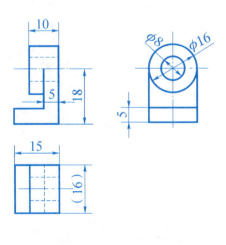

4.
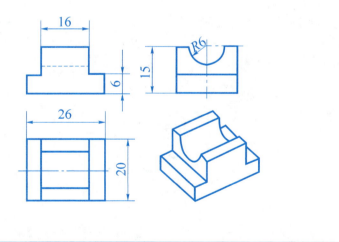

80

5.3 综合练习

5.3.1 按1∶1比例，创建如图所示组合体的三维实体　　　　班级　　姓名　　学号

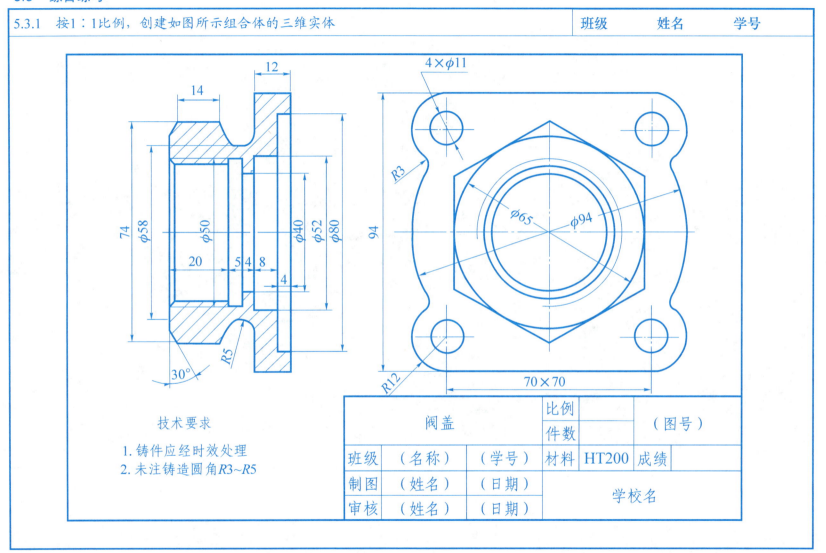

第6章 标准件和常用件

6.1 螺纹

6.1.1 螺纹画法及改错

班级　　姓名　　学号

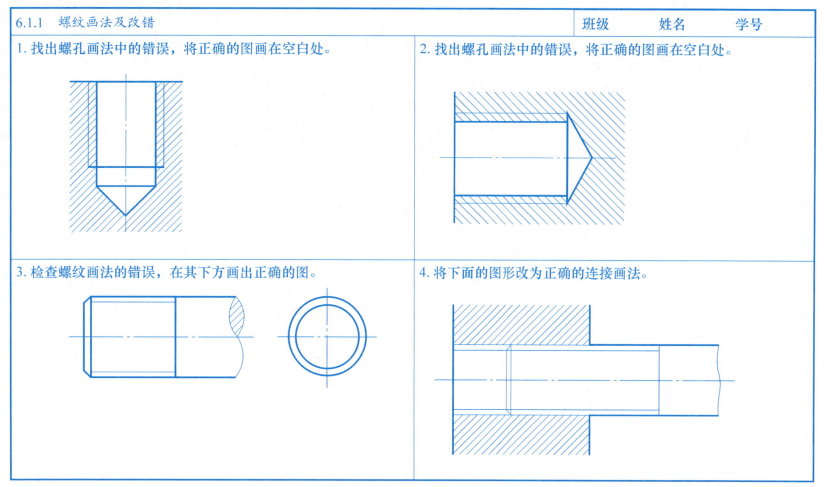

1. 找出螺孔画法中的错误，将正确的图画在空白处。

2. 找出螺孔画法中的错误，将正确的图画在空白处。

3. 检查螺纹画法的错误，在其下方画出正确的图。

4. 将下面的图形改为正确的连接画法。

6.1.2 螺纹画法及查表   班级   姓名   学号

1. 按给定的尺寸绘出外螺纹M20，螺纹长度30 mm。

2. 按给定的尺寸，绘出内螺纹M16，钻孔深30 mm，螺纹深度30 mm，孔口倒角C1。

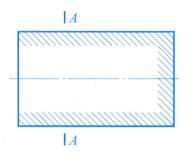

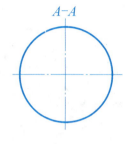

3. 指定下列螺纹标注中各项代号的含义，并按项填入表中（有的项目需查表确定）。

项目 代号	螺纹种类	内、外螺纹	大径	小径	导程	螺距	线数	旋向	公差带		旋合长度
									中径	顶径	
M24—6g											
M20×1.5—6h											
M16—6H											
G1 1/4—LH											
Tr50×16（P8）—8H											

6.1.3　根据给出的螺纹数据，正确标注螺纹代号及精度要求　　　班级　　姓名　　学号

1. 粗牙普通螺纹，大径24，螺距3，单线，右旋，中径公差代号5g，顶径公差带代号6g。

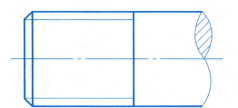

2. 细牙普通螺纹，大径24，螺距1.5，单线，左旋，中径及顶径公差带代号均为6h。

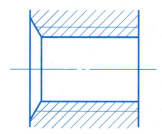

3. 梯形螺纹，公称直径为28，螺距为5，双线，右旋，中径公差带为7h，中等旋合长度。

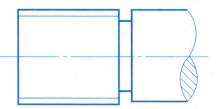

4. 非螺纹密封管螺纹，尺寸代号为$1\frac{3}{4}$，公差等级为B级，左旋。

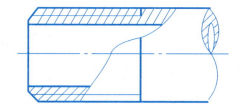

6.2 螺纹紧固件

| 6.2.1 查表确定下列各连接件的尺寸，并填写规定标记 | 班级　　姓名　　学号 |

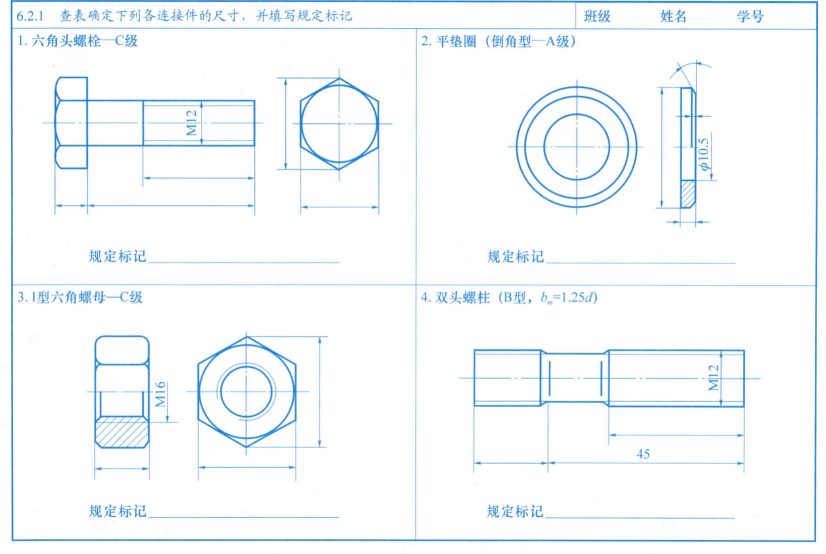

1. 六角头螺栓—C级

规定标记＿＿＿＿＿＿＿＿＿＿＿＿＿＿

2. 平垫圈（倒角型—A级）

规定标记＿＿＿＿＿＿＿＿＿＿＿＿＿＿

3. I型六角螺母—C级

规定标记＿＿＿＿＿＿＿＿＿＿＿＿＿＿

4. 双头螺柱（B型，$b_m=1.25d$）

规定标记＿＿＿＿＿＿＿＿＿＿＿＿＿＿

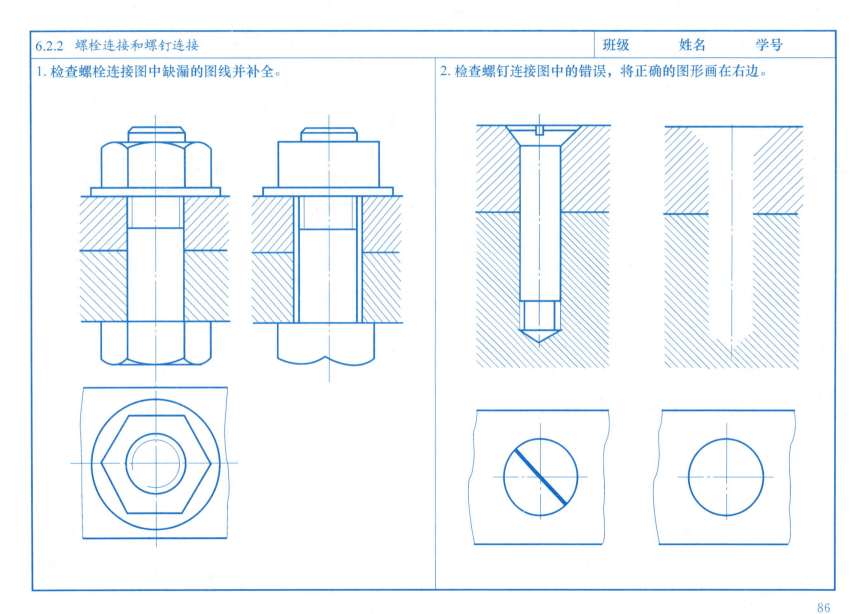

6.3 齿轮的规定画法

6.3.1 已知直齿圆柱齿轮 $m=4$，$z=25$，完成该图并标注尺寸（按1：1从图中量取）　　班级　　姓名　　学号

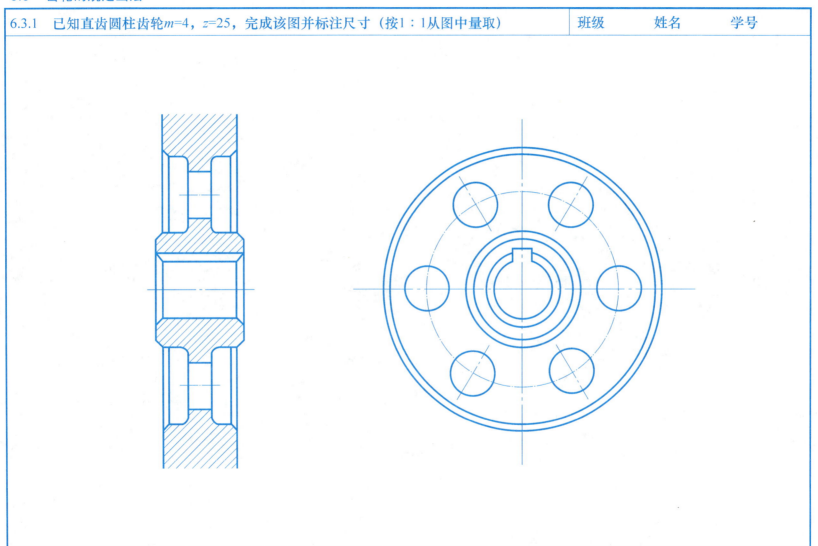

6.3.2 按尺寸要求绘制两齿轮啮合图　　　　班级　　　姓名　　　学号

1. 已知大齿轮 m=4 mm，z=40，两轮中心距 a=120 mm，试计算大小齿轮的基本尺寸（填入表中），按1:2完成圆柱齿轮啮合图。

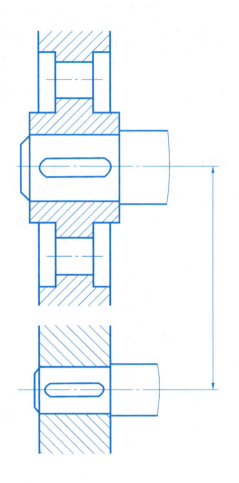

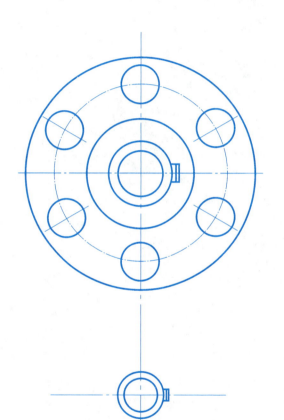

$z_{小}$	
d_{a1}	
d_{f1}	
d_1	
d_{a2}	
d_{f2}	
d_2	

6.4 键、销、滚动轴承及弹簧

6.4.1 画出键槽及键连接图

班级　　　姓名　　　学号

1. 已知轴和齿轮用A型普通平键连接。轴孔直径为36，键长为36。查表确定键盘和键槽的尺寸，按1∶2的比例完成轴和齿轮的图形，并标注键槽尺寸。

2. 写出键的规定标记：_____。
用键将轴和齿轮连接起来，完成其连接图。

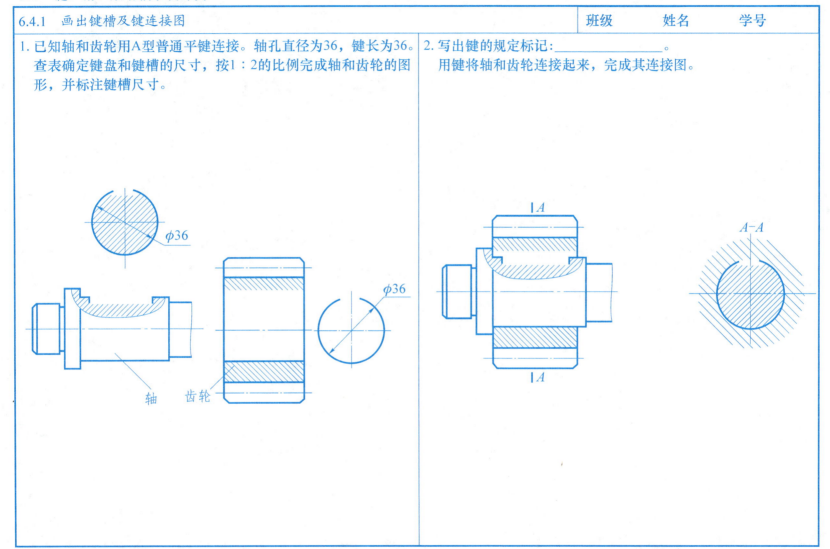

6.4.2　画出销连接和注写滚动轴承代号含义　　　　　班级　　姓名　　学号

1. 齿轮与轴用直径 d=10的圆柱销连接，完成销连接的剖视图（1∶1）。

2. 解释下列滚动轴承代号的含义。

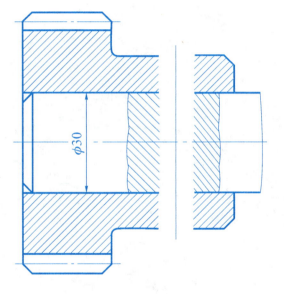

6302：

内径：＿＿＿＿＿＿＿＿＿＿＿＿

尺寸系列：＿＿＿＿＿＿＿＿＿＿

轴承类型：＿＿＿＿＿＿＿＿＿＿

30209：

内径：＿＿＿＿＿＿＿＿＿＿＿＿

尺寸系列：＿＿＿＿＿＿＿＿＿＿

轴承类型：＿＿＿＿＿＿＿＿＿＿

51318：

内径：＿＿＿＿＿＿＿＿＿＿＿＿

尺寸系列：＿＿＿＿＿＿＿＿＿＿

轴承类型：＿＿＿＿＿＿＿＿＿＿

6.4.3 滚动轴承的规定画法及弹簧　　　　班级　　姓名　　学号

1. 用规定画法在轴端画出滚动轴承的图形。
   滚动轴承 6305 GB/T 276—94

2. 已知圆柱螺旋压缩弹簧的簧丝直径为 $d=5$，弹簧中径为 $D_2=40$，节距为 $t=10$，自由高度为 $H_0=76$，支承圈数 $n_2=2.5$，右旋。画出该弹簧的全剖视图，并标注尺寸。

6.5 综合练习

| 6.5.1 绘制螺纹连接和圆柱齿轮啮合图（可用计算机绘制） | 班级　　姓名　　学号 |

1. 螺纹规格M24，被联接的两块金属板厚度$\delta_1=\delta_2=40$ mm，选用六角头螺栓、平垫圈、六角螺母，均为C级。

2. 已知$m=3$，$z_1=z_2=26$，计算两齿轮的画图尺寸，画出两齿轮的啮合图。

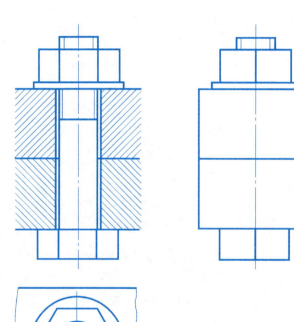

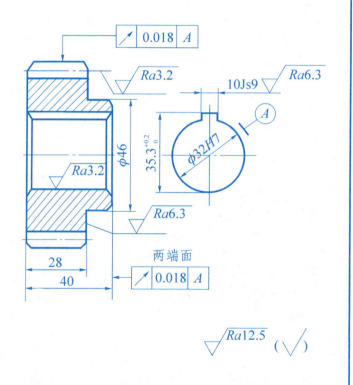

第7章 零件图

7.1 确定零件图表达方案

| 7.1.1 根据零件的轴测图，正确选择零件表达方案（可徒手绘制零件图，不注尺寸） | 班级　　姓名　　学号 |

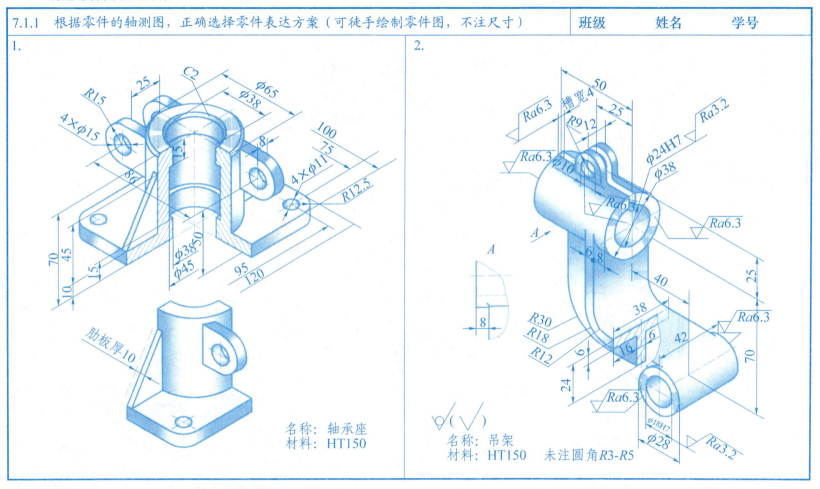

7.1.2 根据零件轴测图，确定表达方案，并画图表达，然后标注尺寸和技术要求（比例1∶2） 班级　　姓名　　学号

未注圆角R3

7.1.3 根据轴测图确定零件图表达方案，绘制草图，然后标注尺寸和技术要求（比例1∶2） 　班级　　姓名　　学号

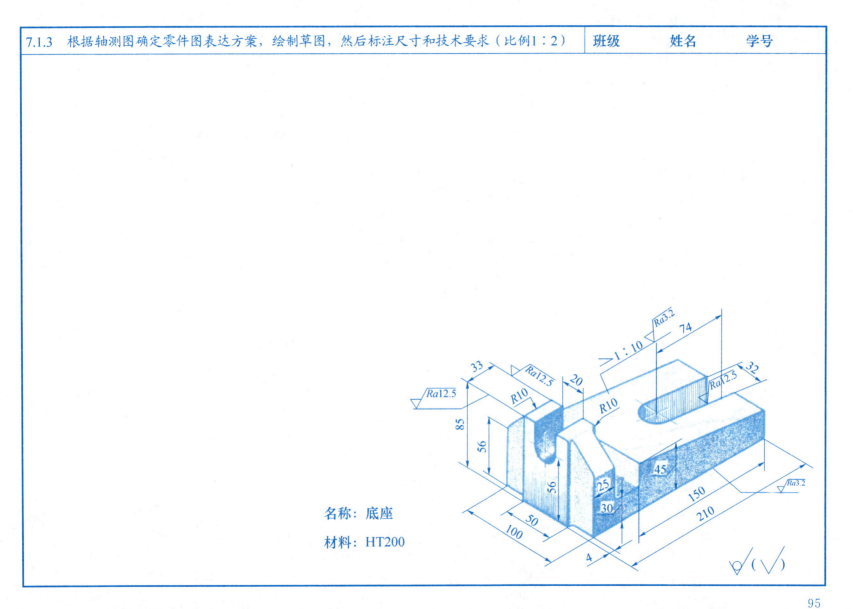

名称：底座
材料：HT200

7.2 零件图尺寸标注

7.2.1 补全零件图上指定结构的尺寸（尺寸数据按1:1量取整数） 班级　　姓名　　学号

1. 补全图上A、B、C、D结构的尺寸。

2. 补全图上E、F结构的尺寸。

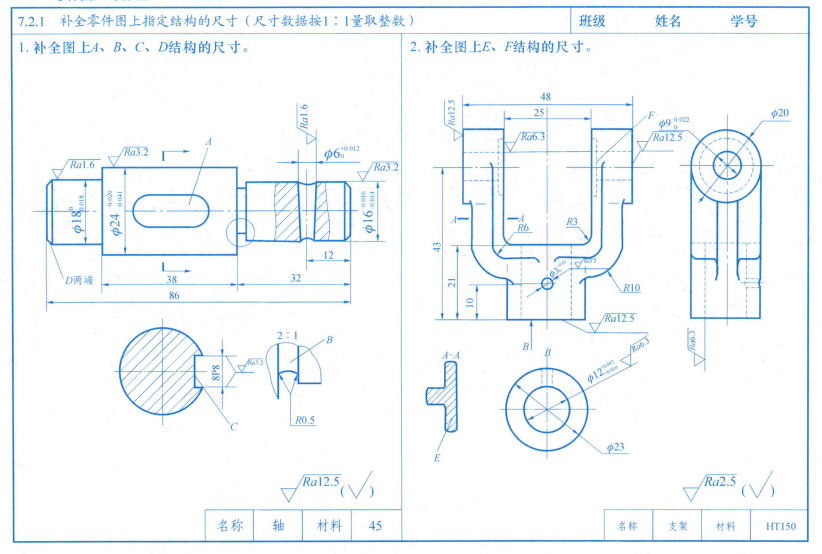

7.2.2 选择尺寸基准，标注零件尺寸（尺寸数据按1∶1量取整数） 班级　　姓名　　学号

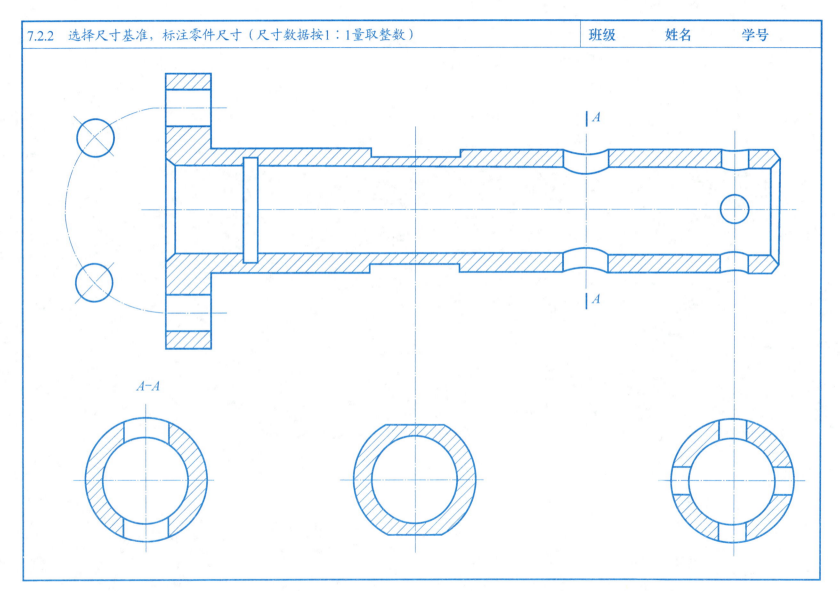

7.3 注写技术要求

7.3.1 表面粗糙度

| 班级 | 姓名 | 学号 |

1. 找出表面粗糙度标注的错误，并按新标准正确的标注在下图中。

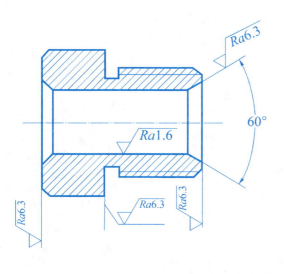

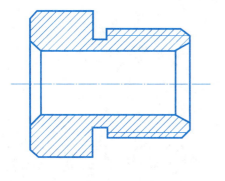

2. 在图中标注尺寸（1∶1从图中量取尺寸数值，取整数），按表中给出的 Ra 数值，在图中标注表面粗糙度。

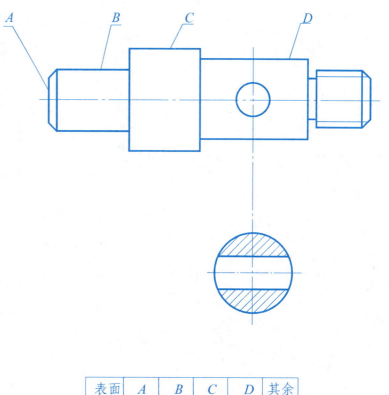

表面	A	B	C	D	其余
Ra	6.3	12.5	3.2	6.3	25

7.3.2 根据下列表面粗糙度的要求，标注表面粗糙度代号　　班级　　姓名　　学号

1.
(1) φ20、φ18圆柱面粗糙度 Ra 的上限值为1.6 μm；
(2) M16螺纹工作表面粗糙度 Ra 的上限值为3.2 μm；
(3) 键槽两侧面粗糙度 Ra 的上限值为3.2 μm；底面粗糙度 Ra 的上限值为6.3 μm；
(4) 右侧锥销孔内表面粗糙度 Ra 的上限值为3.2 μm；
(5) 其余表面粗糙度 Ra 的上限值为12.5 μm。

2.
(1) 倾角成30°两平面，其表面粗糙度 Ra 的上限值为6.3 μm；
(2) 顶面与宽度为30的两侧面，其表面粗糙度 Ra 的上限值为1.6 μm；
(3) 两M平面，其表面粗糙度 Ra 的上限值为3.2 μm；
(4) 其余表面粗糙度 Ra 的上限值为25 μm。

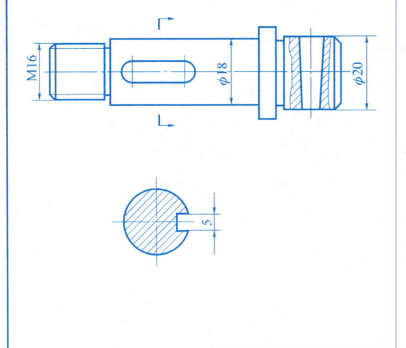

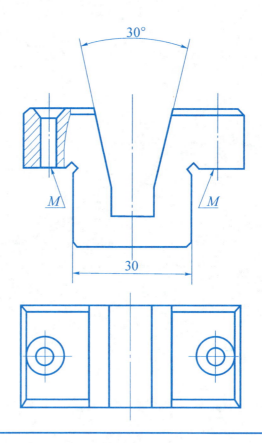

7.3.3 公差与配合基本练习（1）　　　　　　　　　　　　　　班级　　　姓名　　　学号

1. 根据图中的标注，将有关数值填入表中。

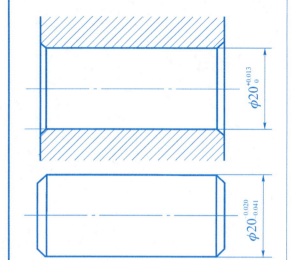

尺寸名称	数值/mm	
	孔	轴
基本尺寸		
最大极限尺寸		
最小极限尺寸		
上偏差		
下偏差		
公差		
偏差代号		
公差等级		
配合性质		

2. 查表，将偏差数值填入括号内。

$\phi 35H8$（　　　　）

$\phi 60JS7$（　　　　）

$\phi 25m6$（　　　　）

$\phi 40f7$（　　　　）

$\phi 55d8$（　　　　）

$\phi 20h5$（　　　　）

3. 查表，将公差带代号填入括号内。

孔　$\phi 70 \pm 0.015$（　　　　）

$\phi 50^{+0.016}_{0}$（　　　　）

$\phi 20^{+0.006}_{-0.015}$（　　　　）

轴　$\phi 40^{0}_{-0.016}$（　　　　）

$\phi 30^{-0.020}_{-0.041}$（　　　　）

$\phi 35^{+0.028}_{+0.017}$（　　　　）

4. 指出下图中的基准制、配合种类，并分别在零件图中注出基本尺寸、公差带代号及极限偏差数值。

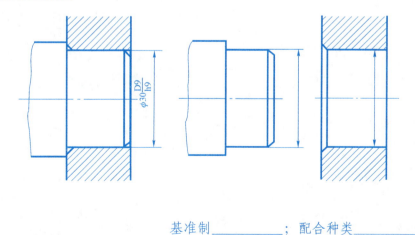

基准制＿＿＿＿＿＿；配合种类＿＿＿＿＿＿。

7.3.4 公差与配合基本练习（2）　　　　　　　　班级　　姓名　　学号

1. 查表确定下列各孔、轴的极限偏差，并按标注规定（直接注出偏差值的形式）分别写出，说明属何类基准制及何种配合。

(1) $\phi 18\dfrac{H8}{f7}$

　孔$\phi 18$＿＿＿＿　　轴$\phi 18$＿＿＿＿

　属基＿＿＿＿制，＿＿＿＿配合

(2) $\phi 36\dfrac{P7}{h6}$

　孔$\phi 36$＿＿＿＿　　轴$\phi 36$＿＿＿＿

　属基＿＿＿＿制，＿＿＿＿配合

(3) $\phi 42\dfrac{H8}{h7}$

　孔$\phi 42$＿＿＿＿　　轴$\phi 42$＿＿＿＿

　属基＿＿＿＿制，＿＿＿＿配合

(4) $\phi 57\dfrac{K7}{h6}$

　孔$\phi 57$＿＿＿＿　　轴$\phi 57$＿＿＿＿

　属基＿＿＿＿制，＿＿＿＿配合

(5) $\phi 80\dfrac{H7}{u6}$

　孔$\phi 80$＿＿＿＿　　轴$\phi 80$＿＿＿＿

　属基＿＿＿＿制，＿＿＿＿配合

2. 按各孔、轴给出的极限偏差，查表确定其公差带代号，并按标注规定（注公差带代号的形式）分别写出。

(1　$\phi 18^{+0.018}_{0}$　　　　轴$\phi 18^{-0.006}_{-0.017}$

　孔$\phi 18$＿＿＿＿　　轴$\phi 18$＿＿＿＿

　属基＿＿＿＿制，＿＿＿＿配合

(2　$\phi 36^{+0.008}_{-0.033}$　　　　$\phi 36^{0}_{-0.016}$

　孔$\phi 36$＿＿＿＿　　轴$\phi 36$＿＿＿＿

　属基＿＿＿＿制，＿＿＿＿配合

(3　$\phi 42^{+0.025}_{0}$　　　　$\phi 42^{0}_{-0.016}$

　孔$\phi 42$＿＿＿＿　　轴$\phi 42$＿＿＿＿

　属基＿＿＿＿制，＿＿＿＿配合

(4　$\phi 55^{+0.030}_{0}$　　　　轴$\phi 55^{+0.060}_{+0.030}$

　孔$\phi 55$＿＿＿＿　　轴$\phi 55$＿＿＿＿

　属基＿＿＿＿制，＿＿＿＿配合

(5) 孔$\phi 35^{+0.007}_{-0.018}$　　　　$\phi 35^{0}_{-0.016}$

　孔$\phi 35$＿＿＿＿　　轴$\phi 35$＿＿＿＿

　属基＿＿＿＿制，＿＿＿＿配合

7.3.5 公差与配合基本练习（3）

班级　　　姓名　　　学号

1. 已知孔的基本尺寸为φ30，上偏差为+0.021，下偏差为0；轴的基本尺寸为φ30，上偏差为-0.020，下偏差为-0.041；将其正确地标注在图上。

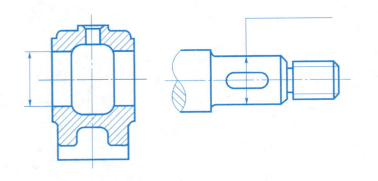

2. 根据题1中的孔和轴的极限偏差，查出它们的公差带代号，标注在图上，并指明孔与轴配合属于何类基准制及何种配合。

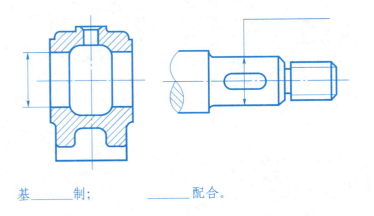

基＿＿＿制；＿＿＿＿配合。

3. 根据孔和轴的偏差值，分别注出配合代号。

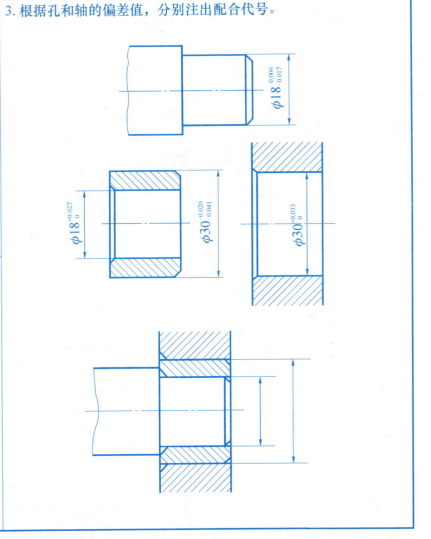

7.3.6 按要求在图中标注形位公差代号

1. （1）左端面的平面度公差为0.01 mm。
   （2）右端面对左端面的平行度公差为0.01 mm。
   （3）φ70 mm孔的轴线对左端面的垂直度公差为0.02 mm。
   （4）φ210 mm外圆的轴线对φ70mm孔的轴线同轴度公差为0.03 mm。
   （5）4×φ20H8孔的轴线对左端面（第一基准）及φ70 mm孔的轴线位置度公差为0.15 mm。

2. （1）φ20d7圆柱面任意素线的直线度公差为0.05 mm。
   （2）被测φ40m7轴线相对于φ20d7轴线的同轴度公差为0.01 mm。
   （3）被测宽10H6槽的两平行平面中任一平面对另一平面平行度公差为0.015 mm。
   （4）10H6槽的中心平面对φ40m7轴线的对称度公差为0.01 mm。
   （5）φ20d7圆柱面的轴线对φ40m7圆柱右肩面的垂直度公差为φ0.02 mm。

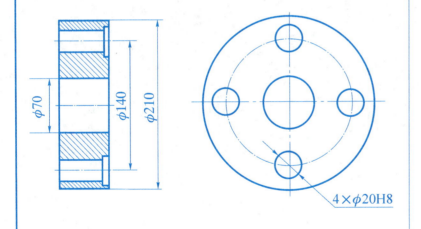

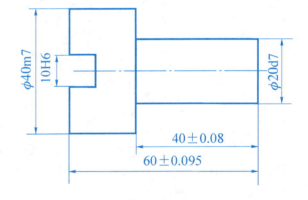

7.4 读零件图

7.4.1 识读轴的零件图，并回答问题

班级　　　姓名　　　学号

1. (1) 说明该零件图选用了哪些表达方法？
   (2) 说出图中尺寸基准。
   (3) 写出 $\phi 32_{-0.050}^{-0.025}$、$\phi 50 \pm 0.08$ 的公差带代号。
   (4) 将技术要求第二条，用框格法标注在图上。

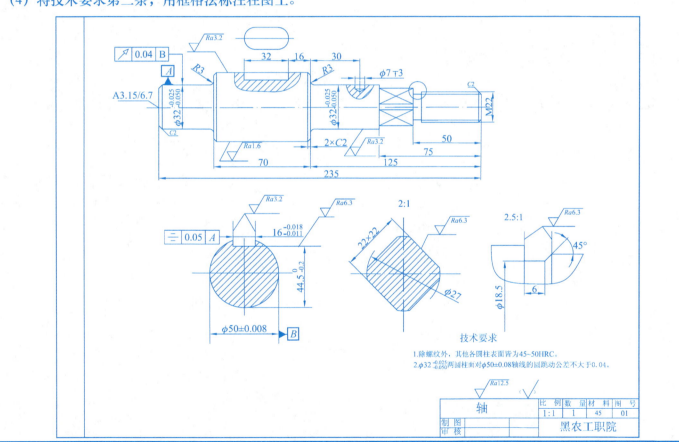

7.4.2 识读弯臂零件图，并回答问题

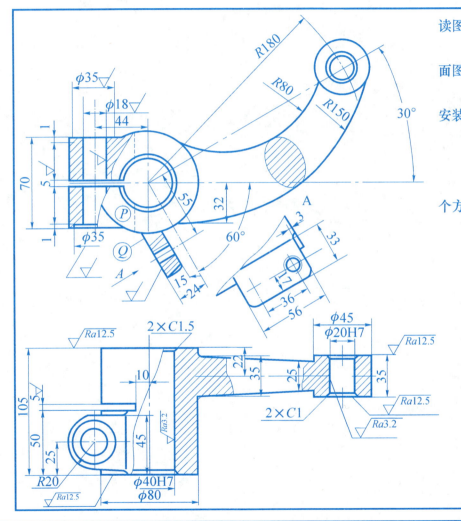

读图后回答问题：

（1）主、俯视图中采用了_____剖视和_____断面图，A向是_____视图。

（2）连接脚A向所指的定形尺寸是_____，它的安装面与水平的夹角是_____度。

（3）主视图中P、Q两面之间的距离是_____mm。

（4）$\phi 20H7$的孔的定位尺寸为_____、_____。

（5）用红（或蓝）色笔在图中画出长、宽、高三个方向的尺寸基准。

技术要求

未注铸造圆角均为R3~R5。

7.4.3 读拨叉零件图，画出俯视图（按图形大小量取尺寸，不画虚线），并指出三个方向尺寸基准 | 班级　　姓名　　学号

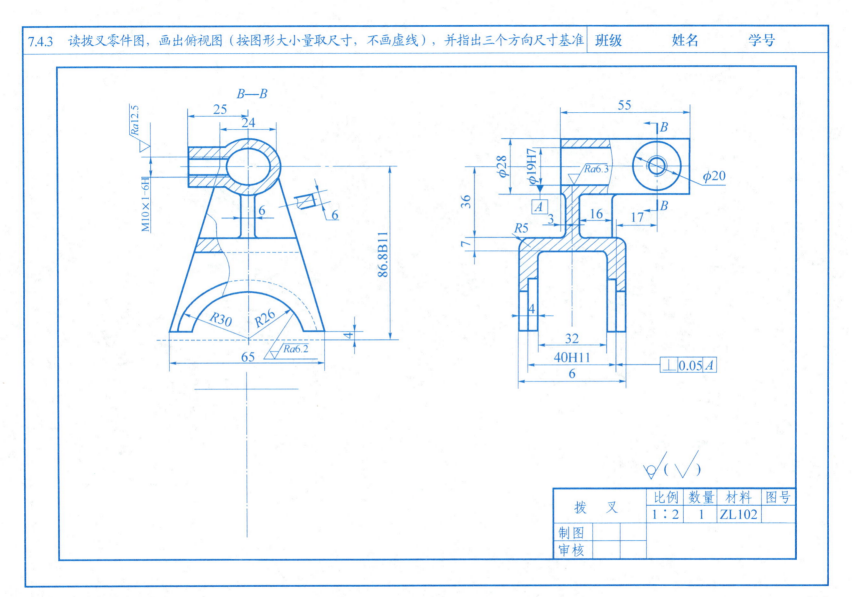

7.4.4 识读盘盖零件图，并回答问题

(1) 在图中标出该零件的轴向尺寸基准。
(2) 根据零件表面上点 A、B、C、D 的一个投影，分别作出其另一投影。
(3) 图中：①处的凸台有几处？起什么作用？②处的耳板有几处？起什么作用？
(4) $\phi 122^{+0.028}_{+0.003}$ 的公差等级、配合制度、配合性质？
(5) 该零件的哪个表面尺寸精确度要求最高？
(6) 画出零件的右视图。

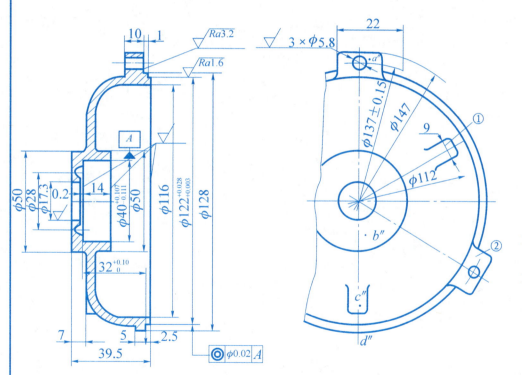

技术要求

1. 未注圆角 R2，尖角倒圆 R0.3。
2. 止口部分不允许有砂眼，与机座接触平面允许有不超过 1 mm² 气孔。
3. 不配合的外表面涂漆。

前端盖	1：1.5	1	ZL102
名称	比例	数量	材料

7.4.5　识读机床用平口虎钳固定钳身零件图

(1) 看懂图后画出仰视图。
(2) 找出长、宽、高三个方向的尺寸基准。

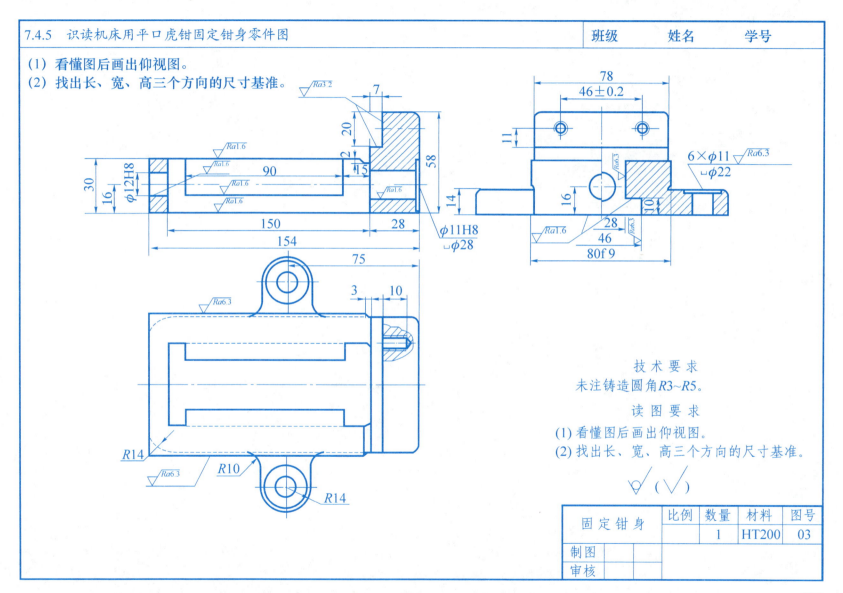

技术要求
未注铸造圆角 R3~R5。

读图要求
(1) 看懂图后画出仰视图。
(2) 找出长、宽、高三个方向的尺寸基准。

固定钳身　材料 HT200　图号 03

7.4.6 识读壳体零件图，画出B-B剖视图（按图形大小量取，不画虚线），标出三个方向基准

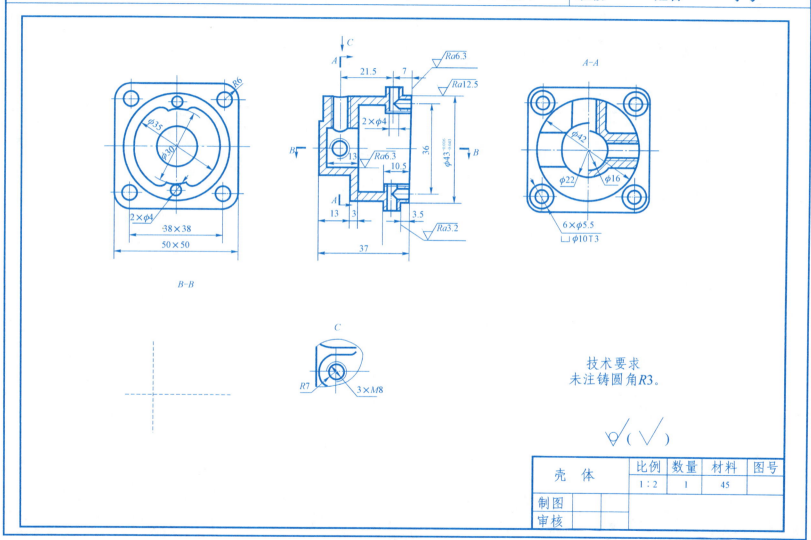

技术要求
未注铸圆角R3。

壳 体	比例	数量	材料	图号
	1:2	1	45	
制图				
审核				

7.5 零件的测绘

| 7.5.1 零件测绘 | 班级　　姓名　　学号 |

1. 目　的
(1) 熟悉和掌握零件的测绘方法和步骤。
(2) 练习在零件图上正确标注尺寸、表面粗糙度和其他技术要求。
(3) 熟悉和掌握由零件草图画零件工作图的方法和步骤。

2. 内容与要求
(1) 将轴套零件画出草图。
(2) 在坐标纸上绘制草图。
(3) 根据绘制出的零件草图，画一张零件工作图。
(4) 用A3（或A4）图纸绘制，比例自定。
(5) 按零件图作图方法和要求进行画图。

3. 注意事项
(1) 选择视图方案时，最好在草稿纸上进行。设想几种视图方案，经过对比后选定一组最佳表达方案。
(2) 草图要求徒手作图。
(3) 标注尺寸时，根据零件的用途和结构情况选好基准，再按尺寸标注的方法和要求画出尺寸界线、尺寸线。
(4) 测量尺寸时，要注意正确使用测量工具。对测得的毛坯面或不重要表面的尺寸，要取整数。对于与其他零件有关联的尺寸，要注意使其协调一致。
(5) 零件上标准结构要素（如螺纹、键槽、销孔等）的尺寸，应查对有关标准后确定。
(6) 草图中的图线，仍应按标准绘制，字体不得潦草。
(7) 测绘用的工具、量具和零件，要注意保管，防止丢失、损伤、生锈。
(8) 草图完成后，要进行全面、认真的检查，对错、漏之处要及时纠正。
(9) 画工作图前，要对零件草图的视图方案、尺寸标注、技术要求等进行全面复查。对表达不够完善之处，须进行调整。

4. 图　例
如右图所示。

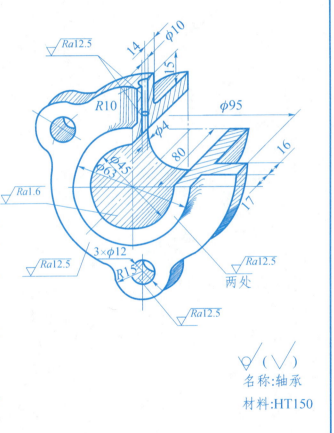

第8章 装配图

8.1 装配工艺

| 8.1.1 分析下图所示装配体的工艺结构与画法上的错误,并在下方画出正确图形 | 班级　　姓名　　学号 |

1. 密封装置　　　2. 锥孔、轴装配结构　　　3. 滚动轴承装配结构

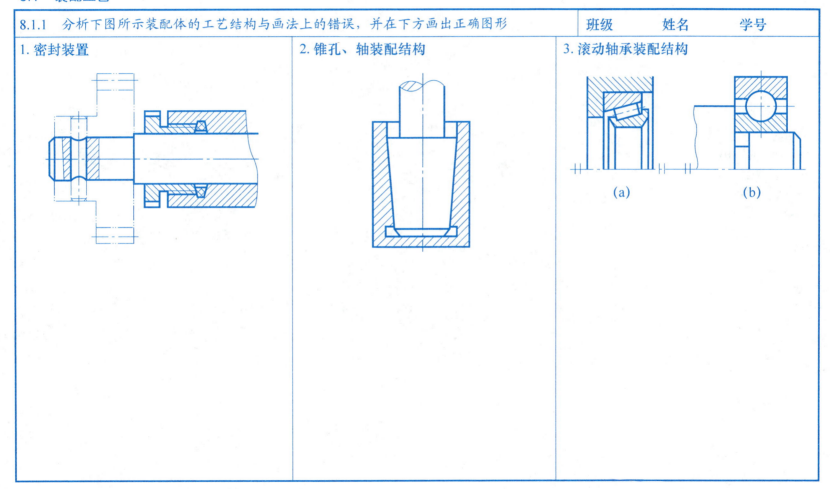

(a)　　(b)

8.1.2 按左上角装配的示意图，将右边6个零件分别装入旋塞座中（按图形1∶1绘制）　　班级　　姓名　　学号

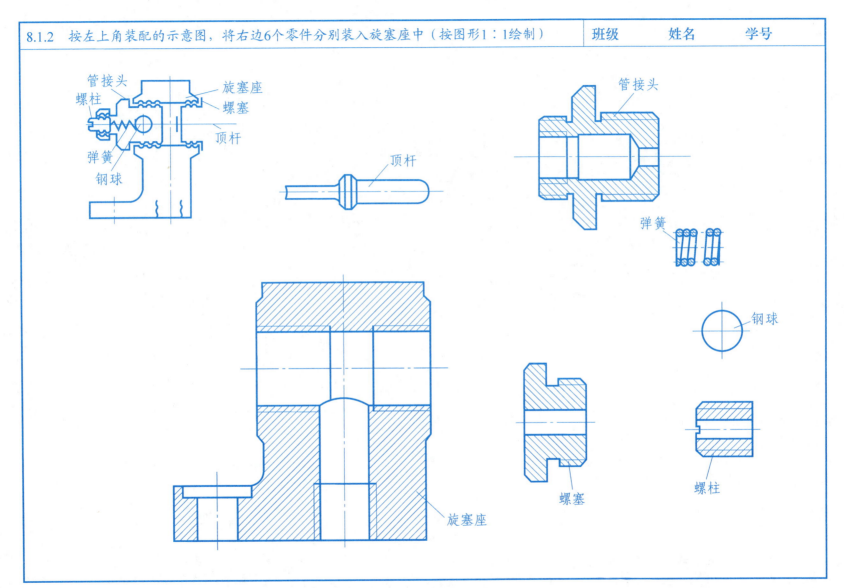

8.2 画装配图

8.2.1 根据脚轮装配示意图和零件图拼画装配图（用A2图纸，按图形1∶1绘制）   班级   姓名   学号

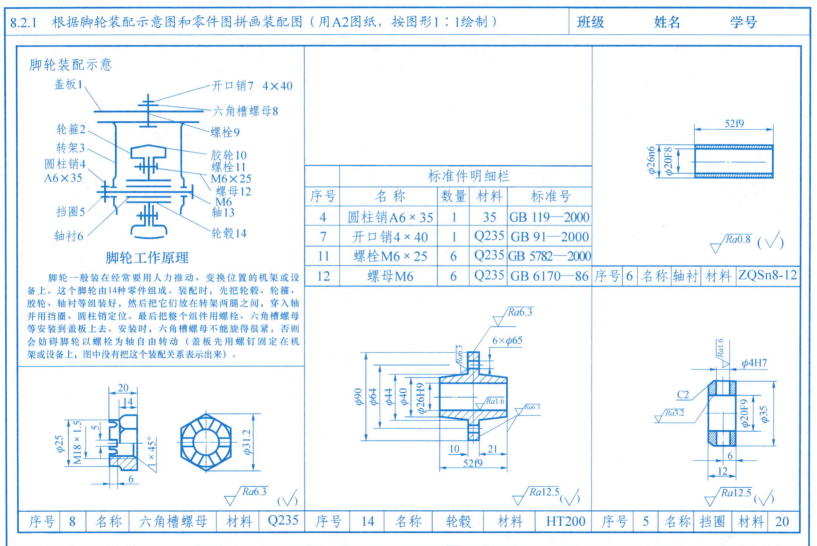

8.2.2 根据脚轮装配示意图和零件图拼画装配图（用A2图纸，按图形1∶1绘制）（续前）　　班级　　姓名　　学号

8.2.3 根据机用虎钳零件图画装配图（1）

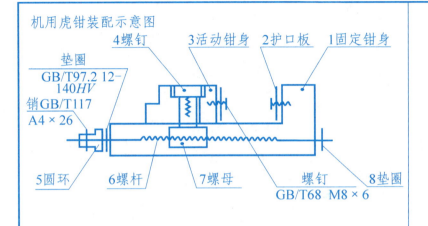

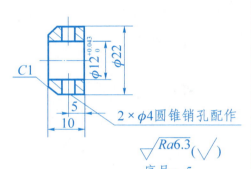

序号：5
名称：圆环
材料：Q235

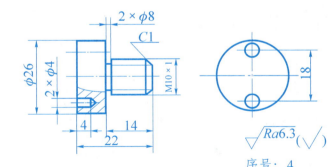

序号：4
名称：螺钉
材料：Q235

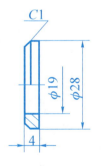

序号：8
名称：垫圈
材料：Q235

8.2.4 根据机用虎钳零件图画装配图（2）

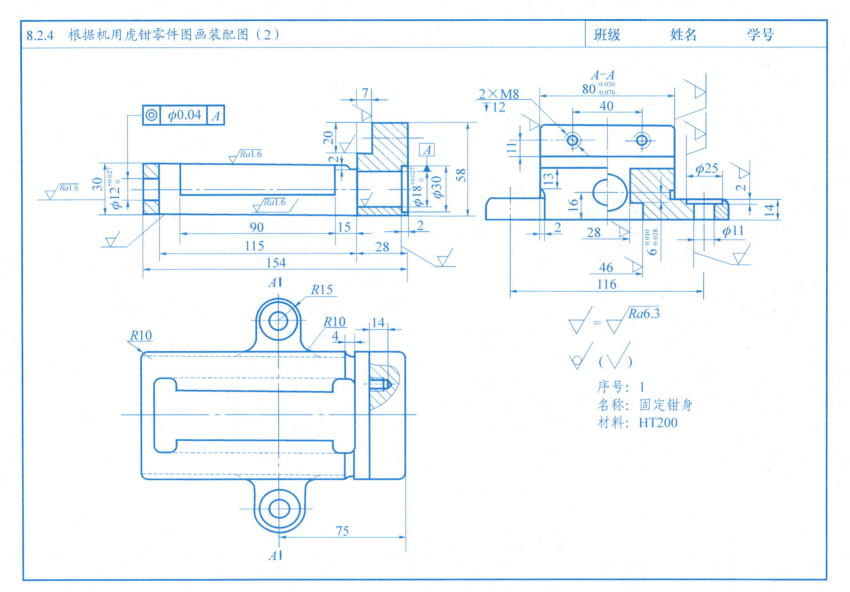

8.2.5 根据机用虎钳零件图画装配图（3）

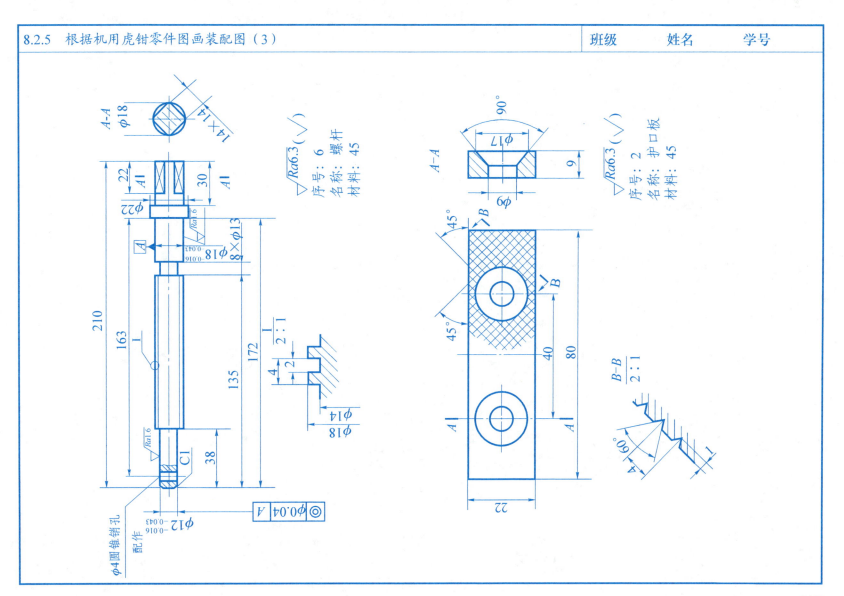

8.2.6 根据机用虎钳零件图画装配图（4）

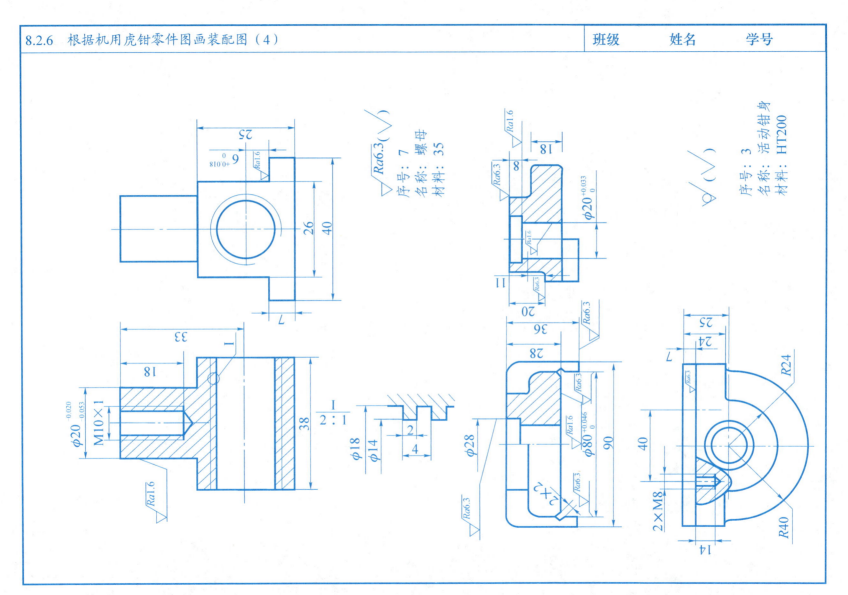

8.3 读装配图

8.3.1 根据球阀立体图，读装配图，并回答问题。　　　　　班级　　姓名　　学号

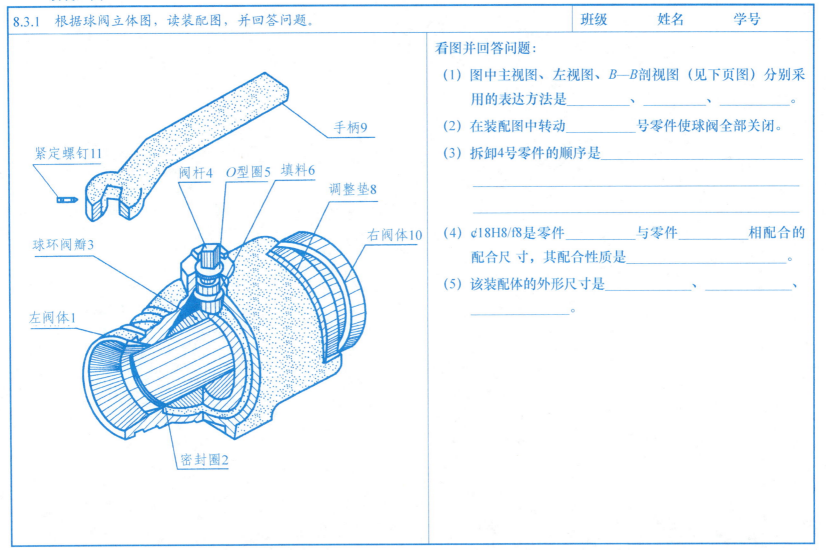

看图并回答问题：

(1) 图中主视图、左视图、B—B剖视图（见下页图）分别采用的表达方法是_____、_____、_____。

(2) 在装配图中转动_____号零件使球阀全部关闭。

(3) 拆卸4号零件的顺序是_____

(4) ⌀18H8/f8是零件_____与零件_____相配合的配合尺寸，其配合性质是_____。

(5) 该装配体的外形尺寸是_____、_____、_____。

119

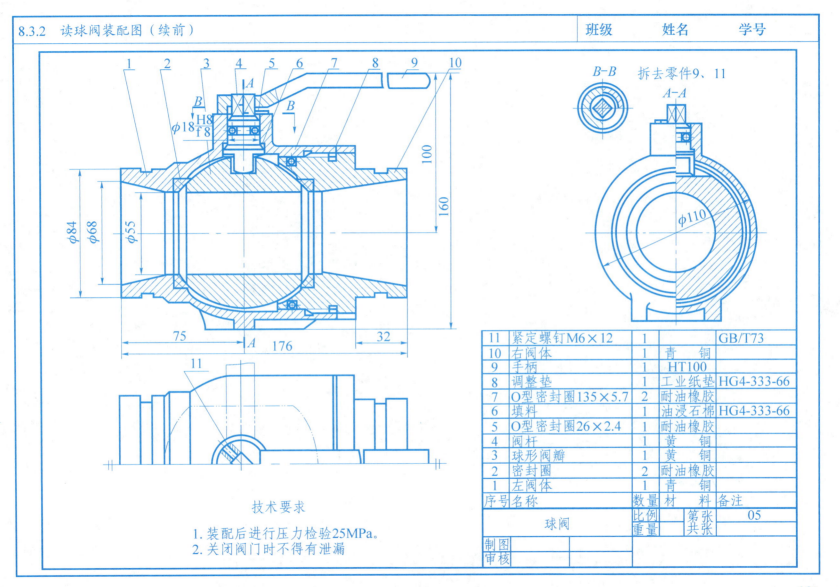

8.3.3 读顶尖架装配图，填空答题

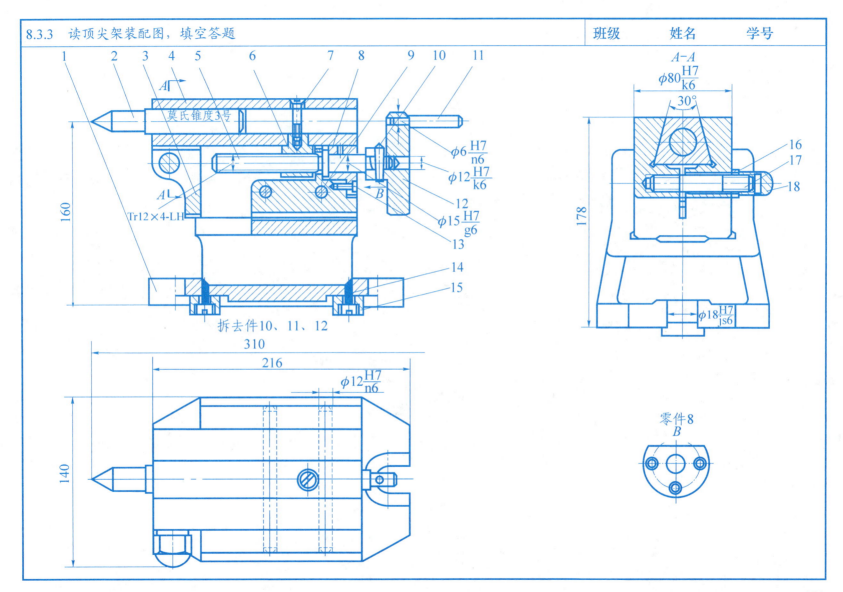

8.3.4　读顶尖架装配图，填空答题（续前）

1. 工作原理

顶尖架用于顶紧工件，属丝杆滑块机构。

当转动手轮12时，通过丝杆5、螺母6带动滑块4在滑座3内左右移动。滑块4带有3号莫氏锥孔并配3号顶尖。滑块锁紧靠球形螺母18，通过双头螺柱17实现。

该部件由定位键15定位，固定在工作台上，并由T型槽螺钉（图上未表达）固定。

2. 读图填空答题

（1）当手轮逆时针旋转时，顶尖2是缩进还是前移？
（　　　　　　　）

（2）滑块的截面形状是（　　　　　　　），它的内孔与顶尖是（　　　　　　　）配合。

（3）球形螺母18松开时滑块被锁紧还是被松开？
（　　　　　　　）

（4）手轮与丝杆之间是（　　　　　　　）配合。

（5）件7的作用是（　　　　　　　　　）。

3. 由装配图拆画底座零件图

拆画时用A3图纸。

18	GB923—88	螺母M6	1	Q235A	
17	GB898—88	双头螺柱M16×70	1	Q235A	
16		垫圈	1	Q235	
15		定位键	2	45	
14	GB65—85	螺钉M6×16	2	Q235A	
13	GB65—85	螺钉M4×10	3	Q235A	
12		手轮	1	Q235A	
11		手把	1	Q235A	
10	GB117—86	锥销4×25	1	Q235A	
9		销轴	2	20	
8		轴承压盖	1	45	
7	GB68—85	螺钉M6×40	1	Q235A	
6		螺母	1	Q275	
5		丝杠	1	45	
4		滑块	1	HT200	
3		滑座	1	HT200	
2		顶尖	1	T8	
1		底座	1	HT200	
序号	代号	名称	数量	材料	备注

8.3.5 读齿轮油泵装配图，并回答问题

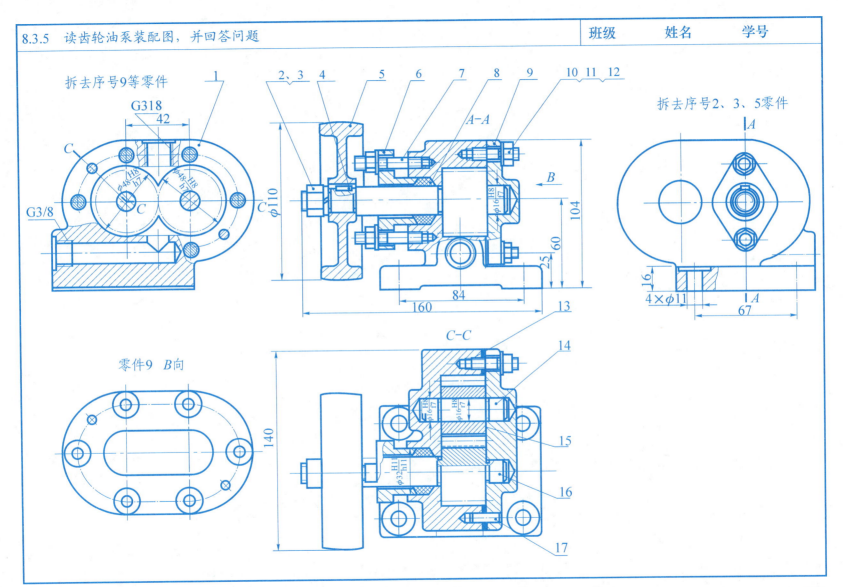

8.3.6 读齿轮油泵装配图，并回答问题（续前）　　　　班级　　姓名　　学号

1. 工作原理

齿轮泵是用来输送润滑油或压力油的一种装置。当带轮5通过平键4带动齿轮轴16作逆时针方向旋转时，齿轮15作顺时针方向转动，使泵体上方进油处空气稀薄，压力降低，油被吸入并随齿轮的齿隙带到下方出油处。当齿轮连续转动时，就产生齿轮泵的加压作用。

2. 读图回答问题

（1）该装配图的表示方法有哪些？主、右视图的表示重点是什么？

（2）指出该装配图上的规格（性能）尺寸。

（3）说明 $\phi 16H8/f7$ 的含义。

（4）该装配体的拆卸顺序是怎样的？

（5）拆画件1泵体、件9泵盖的零件草图。

序号	代号	名称	数量	材料	备注
17	GB/T 117—2000	销A6×20	2		
16	116009	齿轮轴	1	45	$m=3$，$z=14$
15	116008	齿 轮	1	45	$m=3$，$z=14$
14	116007	轴	1	45	
13	116006	垫 片	1	纸	
12	GB/T 898—1988	螺柱M8×32	6		
11	GB/T 97.1—2002	垫圈8-140HV	16		
10	GB/T 41—2000	螺母M8	8		
9	116005	泵 盖	1	HT150	
8	116004	填 料		麻	
7	GB/T 898—1998	螺柱M8×40	2		
6	116003	压 盖	1	HT150	
5	116002	带 轮	1	HT150	
4	GB/T 1096—1979	键5×10	1		
3	GB/T 93—1987	垫圈12	1	65Mn	
2	GB/T 41—2000	螺母M12	1		
1	116001	泵 体	1	HT150	

齿轮泵	比例 1:2.5	数量	材料	116000
制图				
审核		（厂名）		

8.3.7 读安全阀装配图，并回答问题

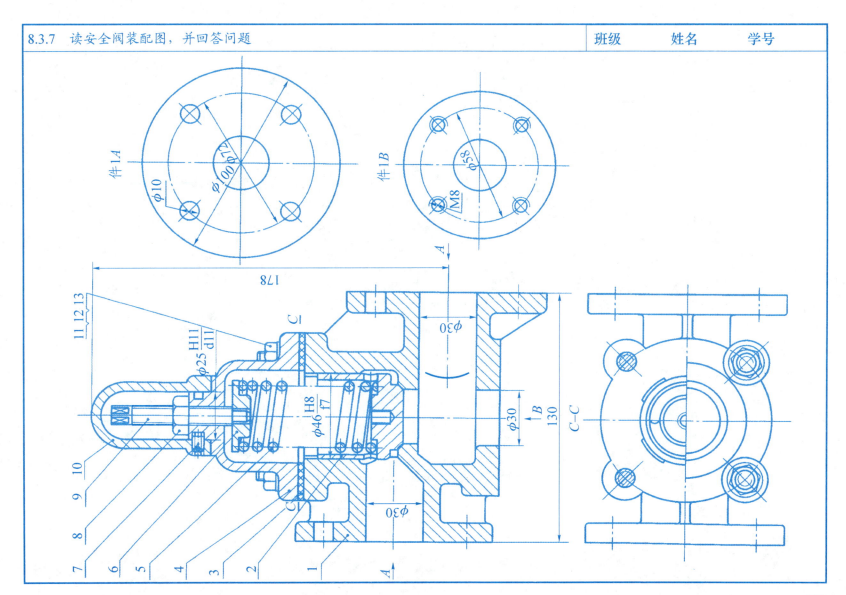

8.3.8 读安全阀装配图（续）　　　　　　　　　班级　　姓名　　学号

1. 工作原理

安全阀是装在供油管路上的装置。在正常工作下，阀门靠弹簧的压力，处在关闭位置，此时油从阀体右孔流入，经阀体下部的孔进入导管。当导管中油压由于某种原因增高而超过弹簧压力时，油就顶开阀门，顺阀体左端孔径另一导管流回油箱，这样就能保证管路的安全。

2. 读图回答问题

（1）分析装配体视图的剖切方法及其他表示方法。

（2）分析阀体的内腔结构。

（3）调节安全阀的控制压力应靠哪些零件？螺母8的作用是什么？

（4）分析件2阀门的结构，阐述其中两个小孔及螺孔的作用。

（5）指出装配图中的规格尺寸、配合尺寸、安装尺寸和总体尺寸。

（6）拆画件1阀体、件2阀门、件4阀盖的零件草图。

13	GB/T 97.2—2002	垫圈8	4	Q235A	
12	GB/T 6170—2000	螺母M8	4	Q235A	
11	GB/T 898—1988	螺柱M8×35	4	Q235A	
10	114008	罩子	1	Q235A	
9	114007	螺杆M10	1	Q235A	
8	GB/T 6170—2000	螺母M10	1	Q235A	
7	GB/T 75—1985	螺钉M5×10	1	Q235A	
6	114006	压板	1	HT150	
5	114005	弹簧	1	65Mn	
4	114004	阀盖	1	HT150	
3	114003	垫片	1	纸板	
2	114002	阀门	1	HT150	
1	114001	阀体	1	HT150	
序号	代号	名称	数量	材料	备注
安全阀		比例 1:2	数量	材料	114000
制图					
审核			（厂名）		

第9章 展开图

9.1 求实长和实形

9.1.1 求直线实长和三角形的实形

班级　　　姓名　　　学号

1. 求直线 AB 的实长。

2. 已知 CD=40 mm，求作 c'd'。

3. 求 △ABC 的实形。

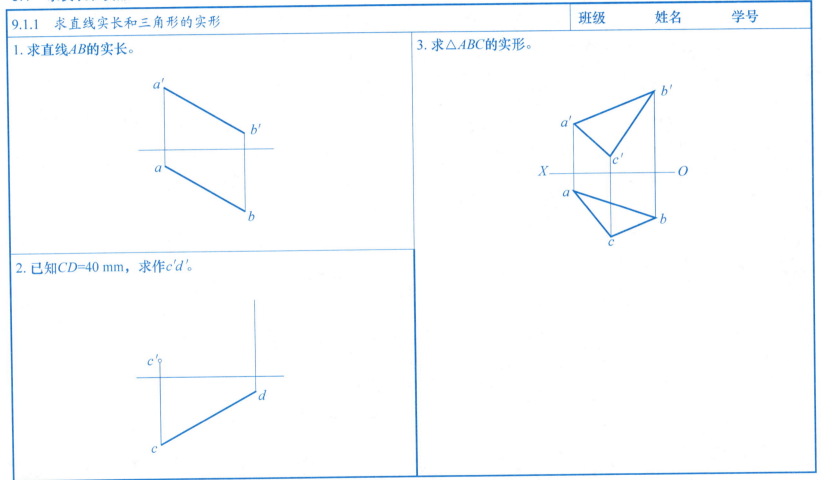

9.2 画展开图

9.2.1 画斜截棱柱管的表面展开图	班级　　姓名　　学号

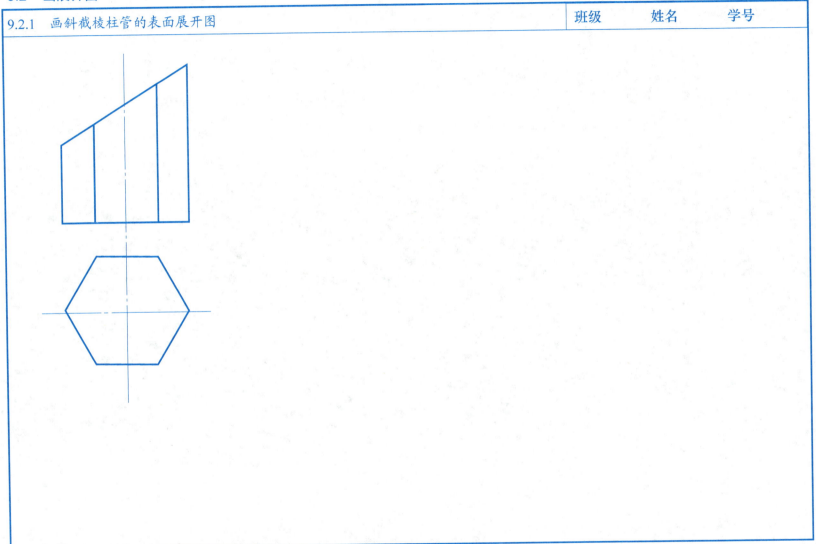

9.2.2 画漏水管的表面展开图

9.3 综合练习

9.3.1 制作纸型

班级　　姓名　　学号

1. 目　的
通过制作纸模型，掌握展开图的画法。

2. 内　容
(1) 画组合制件的表面展开图。
(2) 制作"薄板制件"的纸模型。
(3) 用绘图纸画展开图，比例1：1。
(4) 将展开图剪下，粘贴成纸型。

3. 要　求
图形正确，布置适当，线型合格，符合国标，加深均匀，图面整洁。

4. 注意事项
(1) 将制件按组合特点分解成若干部分。
(2) 相交的两体，应先在投影图上求出相贯线的投影，然后分别将两体的表面展开，并在展开图上定出相贯线上各点的位置，再依次连接。
(3) 画展开图时要合理利用图纸，避免超出图纸或图形重叠。
(4) 作图力求准确，可全部用细实线绘制。
(5) 粘贴组合时，应注意各部分接口的方位，制成的纸型必须与图示位置一致。
(6) 粘贴之前，请阅读"制作纸型注意事项"。

5. 图　样
见右图和下页。

1.

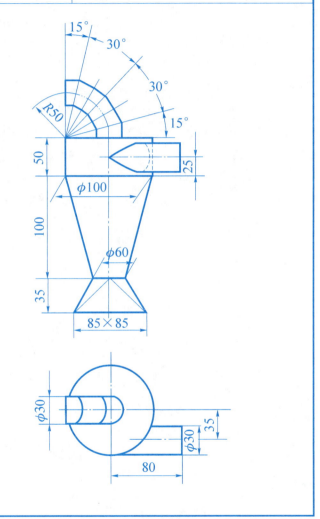

9.3.2 制作纸型（续前） 班级　　姓名　　学号

2.

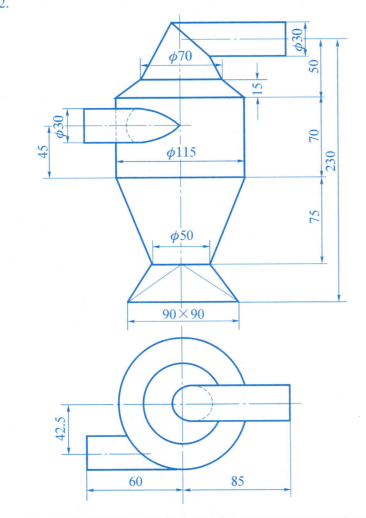

制作纸型时，可将制件的各部分展开图用剪刀剪下来，用胶带纸（或浆糊）进行粘贴组合，作成图示制件的纸型。

注意事项：

（1）每一组成部分接缝处都要留出一定的余量（如下图虚线的部分），以便于粘合。

（2）各组成部分之间的接缝处，也要留有一定的余量，以便于相互粘合，如下图（虚线为剪口线）。

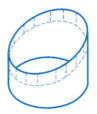

（3）粘贴时要对齐，不要歪斜。发现展开图画得不够准确的地方，可做必要的修正。

第10章 金属焊接图

10.1 标注焊缝符号

| 10.1.1 标注焊缝符号 | 班级　　姓名　　学号 |

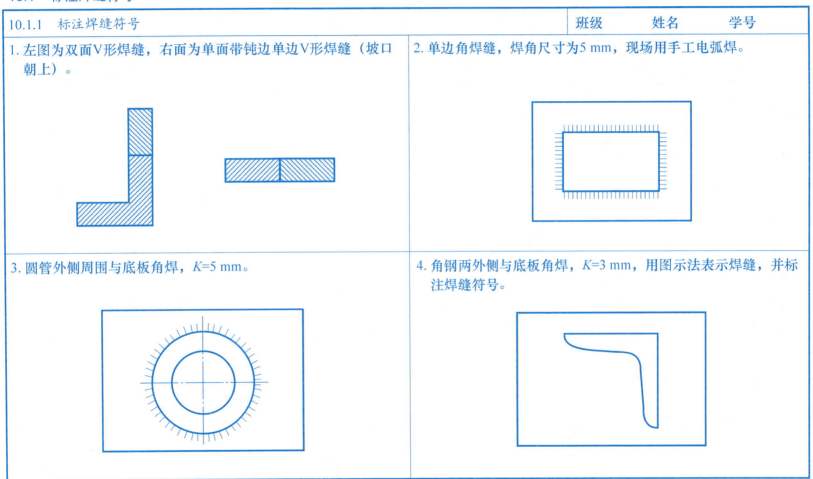

1. 左图为双面V形焊缝，右面为单面带钝边单边V形焊缝（坡口朝上）。

2. 单边角焊缝，焊角尺寸为5 mm，现场用手工电弧焊。

3. 圆管外侧周围与底板角焊，K=5 mm。

4. 角钢两外侧与底板角焊，K=3 mm，用图示法表示焊缝，并标注焊缝符号。

10.2 读焊接图

10.2.1 读焊接图,并回答问题

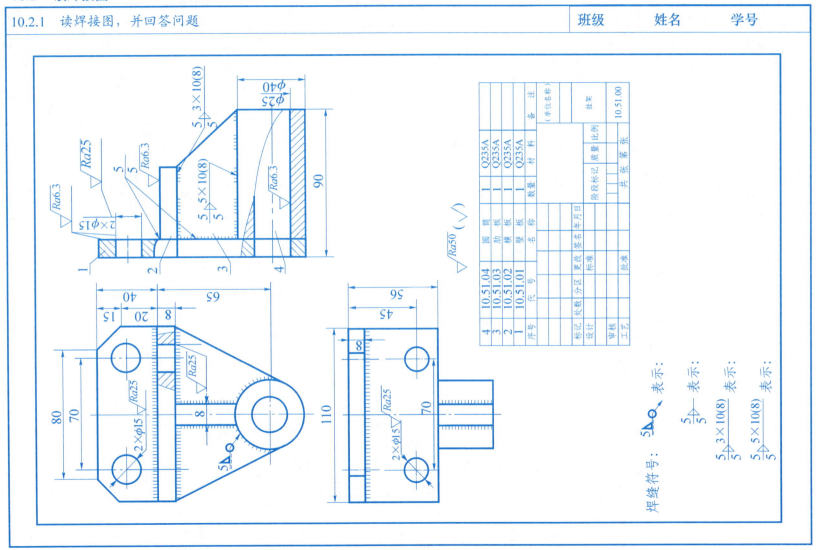

第11章 电气工程图

11.1 按1:1比例绘制低压配电系统图

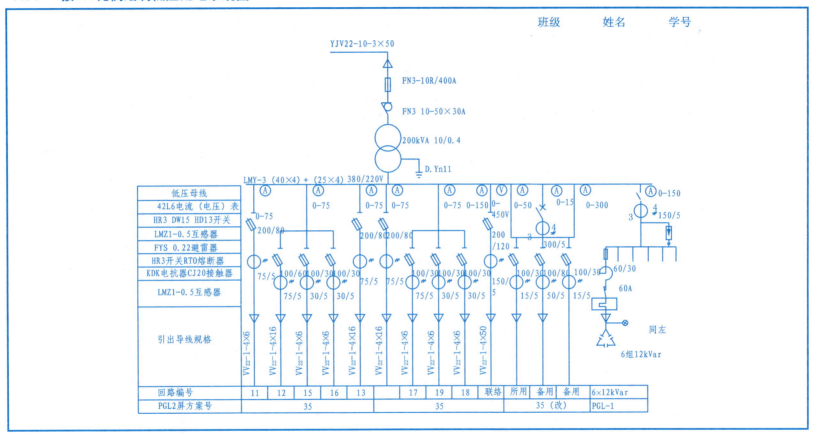

11.2 按1:1比例绘制电动机控制接线图

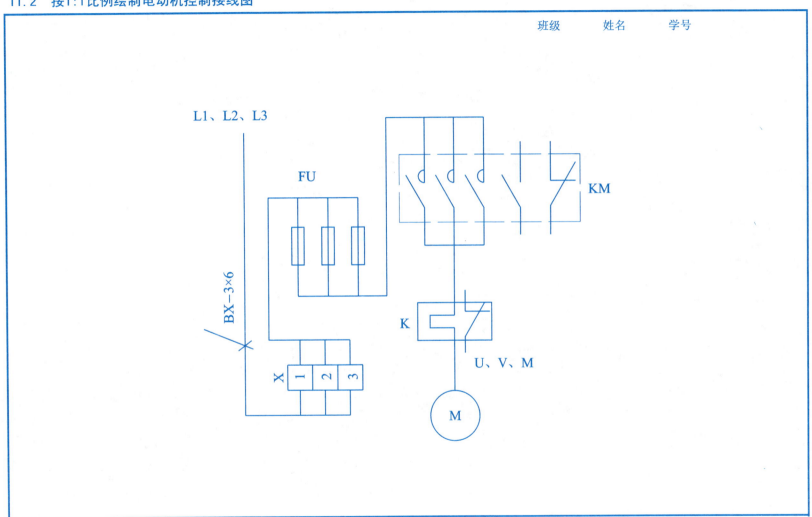

11.3 按1:1比例绘制双回路电源高压配电所系统图

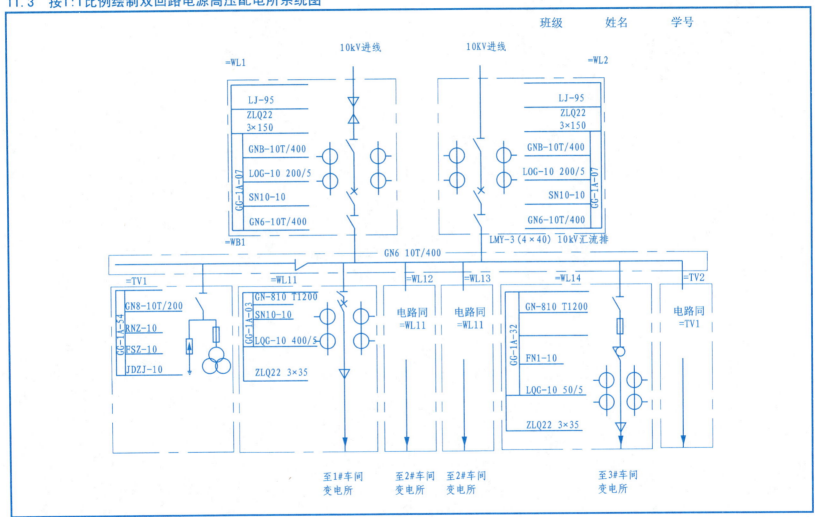

11.4 按1:1比例绘制电动机星-三角启动原理图

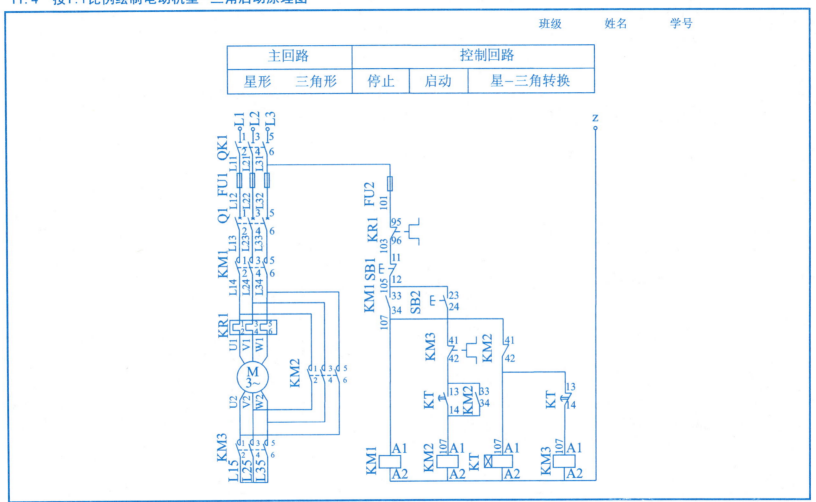

第12章　计算机绘图综合训练

12.1　平面图形绘制

12.1.1　按1∶1比例绘制平面图形	班级　　姓名　　学号

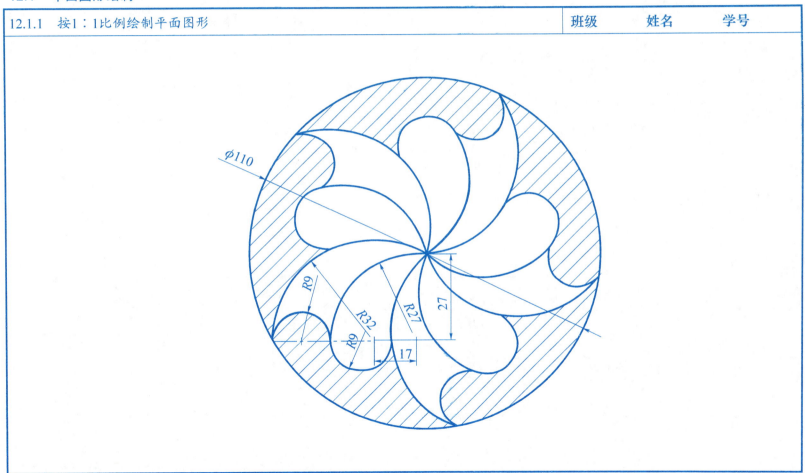

12.2 立体与平面图形转换

| 12.2.1 根据轴测图，用1∶1比例绘制三维实体模型，生成三视图，并标注尺寸 | 班级　　姓名　　学号 |

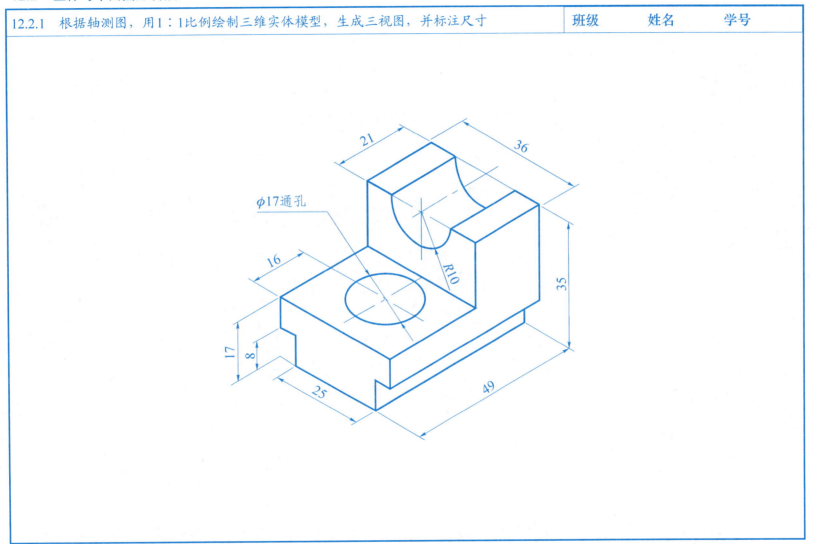

139

12.3 综合练习

12.3.1 按1∶1比例绘制如图所示轴的零件工作图　　　班级　　姓名　　学号

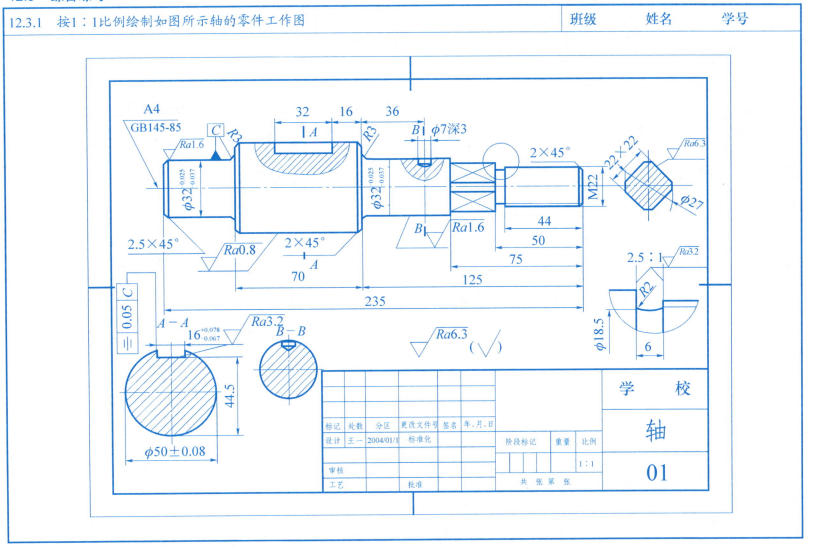

12.3.2 根据三视图，用1∶1比例绘制三维实体模型，生成三视图，并标注尺寸　　　班级　　姓名　　学号

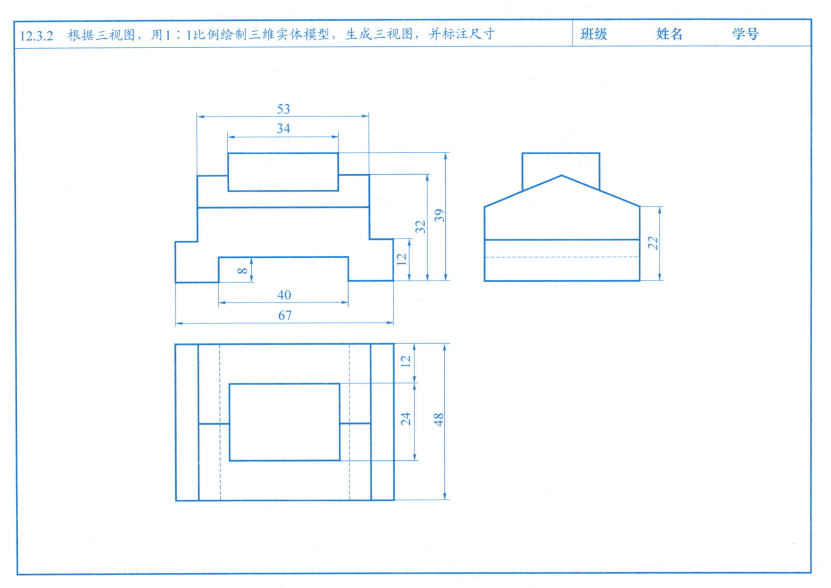

参 考 文 献

[1] 山颖. 现代工程制图习题集[M]. 北京:北京航空航天大学出版社,2012.
[2] 胡建生. 机械制图习题集[M]. 北京:化学工业出版社,2013.
[3] 金大鹰. 机械制图习题集[M]. 9版. 北京:机械工业出版社,2009.
[4] 王其昌. 机械制图习题集[M]. 北京:人民邮电出版社,2009.
[5] 苑国强. 制图员考试鉴定辅导[M]. 北京:航空工业出版社,2003.
[6] 夏华生,王其昌,冯秋官. 机械制图习题集[M]. 北京:高等教育出版社,2004.
[7] 李澄,吴天生,闻百桥. 机械制图习题集[M]. 北京:高等教育出版社,2013.
[8] 王新年. 机械制图习题集[M]. 北京:电子工业出版社,2013.
[9] 王启美,吕强. 机械制图习题集[M]. 北京:人民邮电出版社,2010.